내 아이를 살리는 에코 살림법

아무것도 사지 마라

내아이를살리는
에코 살림법

아무것도
사지 마라

서울환경연합 여성위원회 지음

랜덤하우스

내
아이의
건강을
지켜주는
에코맘 (Eco Mam)

지영은 신문 광고지를 보고 빅 세일을 하는 대형 마트로 갈 준비를 한다.
'장바구니 경제'를 생각한 지영은 잘 정리정돈된 상품들이 진열된 곳에서
'하나 더 상품' 혹은 '사은품'이 있는 제품들을 눈여겨본다. 가격도 비교해보
고, 광고에 쿠폰이 제시된 상품인지 살펴도 보고, 디자인이며 여러모로 쓰
기에 편리한지 꼼꼼히 살펴본다.

오후 막바지에 간 마트라 먹을거리 할인 상품들도 눈에 띈다. 오랜만에

싱싱하고 크게 묶인 부추 한 단을 카트에 담았다. 식구들과 함께 둘러앉아 저녁 식사로 부추전을 만들어볼 생각이다. 싸게 나온 새우와 오징어도 샀다. 집에 가서 함께 맛있게 먹을 생각에 벌써부터 기분이 좋아진다. 돌아와 비닐봉투를 정리하고 이렇게 저렇게 계산해보니 오늘도 꽤 아꼈다. 사은품만 봐도 마음 뿌듯한 것이 기분이 좋다.

저녁 준비를 마치고 오랜만에 온 식구가 둘러앉았다. 야심차게 준비한 부추전에 모두 손길이 갔지만 무슨 일인지 한 입 먹어보더니 다시 손을 대질 않는다. 요리할 땐 기름 냄새 때문에 몰랐는데 다시 먹어보니 부추가 부추인지도 모를 만큼 향이 나질 않는다. '향긋한 부추 향에 쫄깃하게 씹힐 오징어를 생각했는데…. 에잇, 이게 뭐람. 돈만 버리고 모처럼 만의 가족 저녁 식사도 망쳐버렸네.'

세일이라고 사온 세제는 아이가 향이 이상해서 싫다고 한다. 자세히 살펴보니 이것저것 향료가 제법 들어갔다. 요즘 날씨가 습하고 더워져 가뜩이나 가려움증이 늘어난 아이에게 미안한 마음이 들었다.

'이것들을 어쩌지….' 싶은 게 고민이 된다. 이럴 줄 알았으면 원산지가 어딘지, 향이며 맛이며 첨가물은 뭐가 들어갔는지 꼼꼼히 살펴볼 걸 그랬다. 요모조모 따져본다고 했는데도 아직 멀었나 보다. 고유가에 물가는 계속 오르니 '장바구니 경제'만 생각하느라 안전한 제품인지 확인하는 데 소홀했다.

그러던 어느날 지영은 옆집 수정이 엄마의 소개로 생활협동소합을 알게 되었다. 홈페이지에 들어가보니, 굳이 장을 보러 나가지 않아도 될 만큼 곡류, 과일, 채소, 축산물, 수산물부터 가공식품, 일일식품, 양념류, 마실 거리, 생활용품, 건강보조식품까지 어지간한 대형 마트 부럽지 않게 요모조모 잘 꾸려져 있다. 현미, 발아현미, 7분 도미, 5분 도미 등 마트에서 잘 볼 수 없었던 건강을 생각한 각종 곡류도 우리 땅에서 난 것들을 판다. 이제부터는 장을 보려면 생활협동조합 홈페이지를 클릭해야겠다. 요즘같이 불안한 시기에 유전자 조작이니 광우병이니 조류독감이니 걱정하지 않아도 되고, 물론 농약 걱정도 없다. 어떤 것을 골라도 안심하고 제대로 된 밥을 지을 수 있으니 그 자체만으로도 너무 행복하다. 이런 상품을 쓸 수 있게 해주는 생산자가 있다는 것이 얼마나 고마운 일인지.

게다가 생활용품은 화학물질을 거의 사용하지 않았거나 환경에 부담을 주지 않는 제품이어서 마음 편하게 사용할 수 있다. 생산자와 소비자가 직접 거래하다 보니 같은 제품이면 마트보다 값도 더 싸다. 환경세제, 재생휴지, 자연화장품, 면 생리대, 천연 염색한 생활용품 등등. 이렇게 내 가족이 먹고 입고 사용할 것들에 수고롭더라도 정성을 기울이는 일이야말로 엄마의 몫이다.

우리의 생활은 어느 것 하나 생명과 연결되어 있지 않은 것이 없다. 우리의 일상생활은 곧 우리의 생명이다.

생명을 키워내는 우리의 벗인 햇볕과 바람보다는 경제가 우선인 농부의 욕심이 겉모양만 그럴듯한 부추를 키워내듯이, 첨가제의 맛에 길들여진 우리 혀와 경제만을 생각한 주부의 손은 결국 나쁜 농업과 생산을 이어가는 악순환의 고리를 만들어가고 있다.

장바구니 경제를 우선으로 선택하는 습관과 고집은 결국 건강에 해로운 음식과 쓰레기만 가중시키게 될 것이다. 조금은 비싸지만 우리 땅이 살아나는 친환경 건강 농산물을 이용하면 우리 몸도 건강해지면서 지구 환경도 살리고, 농산물의 귀함도 알게 되니 쉽게 버리는 일도 줄어들 것이다. 또 화학물질이니 첨가제니 고민하지 않아도 믿고 선택할 수 있는 것들이어서 장 볼 때마다 하게 되는 주부의 고민도 줄여준다.

6   어느덧 이런 생활이 반복되면서 지영도 생각이 차츰 바뀌기 시작했다. 무

엇보다 별 것 아니라고 생각했던 아이의 가려움증이 점점 심해져 아이의 건강부터 챙기기로 했다. 시간이 지나면서 아이의 건강 때문에 선택한 '생명이 있는 먹을거리'는 온 가족을 덩달아 건강하게 만들었다. 되도록 저렴한 것을 찾아 전전긍긍하며 장바구니 경제에 매달려 '에고~, 에고~' 하던 지영은 가족을 살리고 환경도 살리는 '에코맘(eco mom)'으로 변해갔다. 이제는 모든 것이 연결되어 있다는 당연한 생각도 할 수 있게 되었고, 환경을 생각하는 장바구니 덕에 집안 살림도 살릴 수 있었다. 장바구니를 들고 가면 일회용 쇼핑 봉투를 사용하지 않아도 되기 때문에 쓰레기를 줄일 수 있고, 비록 50원이지만 인센티브도 받을 수 있다. 경제 시대, 글로벌 시대를 사는 주부답게 로컬 푸드의 중요성을 생각하며 푸드마일(food miles)이 짧으면서 건강한 먹을거리를 고를 수 있는 요령도 생겼다.

또 한 명의 에코맘이 이렇게 탄생했다.

에코맘이 사회의 언어로 등장하기 전, 환경과 여성을 함께 생각하는 주의인 '에코페미니즘'에 대해 마리아와 반다나 시바는 저서인 『에코페미니즘』이라는 책을 통해 다음과 같이 말하고 있다. "자연은 모든 지구생명체의 어머니다. 어머니가 자식들을 낳고 먹이고 기르듯이 자연도 생명을 낳고 영양을 공급하며 보살핀다. 여성이 가부장제에 의해 억압되고 착취당한 것처럼, 자연도 가부장적 자본주의의 원리에 의해 착취당하고 거덜나버렸다. 하지만 어머니의 '위대한 희생'은 인간에게 보복해오지 않으나 극도로 피폐해진 자연은 보복할 수밖에 없어 우리 모두 고통과 희생을 피할 수 없다. 오염된 물과 공기, 시들어가는 나무와 숲, 신음하는 짐승들과 물고기들은 어머니 자연이 수유를 거부하는 바로 그 증거들이다."

지금 우리 사회에 일고 있는 지구와 자연, 그리고 가정의 건강함을 함께 지키고자 노력하는 에코맘 열풍은 이미 오래 전부터 있었던 일이다. 그간 엄마들의 노력이 너무나 '자연스러운' 것이었기에 자신이 '에코맘'으로서 활동하고 있다는 사실을 자각하지 못한 것일 수 있다.

이는 에코맘이라면 해야 하는 일 중 몇 가지만 살펴봐도 알 수 있다. 물을 아껴 쓰기 위한 노력, 건강한 음식을 만들어 먹이기 위한 노력, 에너지를 아끼기 위한 노력 등이 대표적인 에코맘의 활동인데, 이는 우리 어머니들이 대대손손 '잔소리' 라는 이름으로 일상적으로 해온 일들이다. 하지만 지금 우리 사회의 젊은 엄마들은 변화된 세상에 변화된 가치관으로 살아가다 보나, 에코맘의 자연스러운 역할을 잘 실천하고 있지 못하다. 이는 엄마들의 마음이 변했다기보다는 엄마들에게 요구되는 사회의 역할과, 엄마들에게 주어지는 정보, 장바구니 안에 들어가는 다양한 물건들이 변했기 때문일 것이다.

건강한 먹을거리만 봐도 알 수 있다. 직장을 가진 엄마이건, 집에 있는 주부이건 가족에게 건강한 음식을 먹이기 위해 많은 관심을 쏟지만, 지금 우리 사회는 엄마의 노력만으로는 건강한 음식을 만들어 먹이기 힘든 세상이 되었다. 먹을거리의 생산과 유통 과정은 점점 개인으로부터 멀어지고 있다. 천연 재료를 선택해 음식을 만들려 해도 이미 '만들어진' 재료와 가공식품을 피하고는 밥상을 차릴 수 없는 것이 지금의 현실이다. 이런 시대에서는 엄마가 가공식품에 대해 얼마나 알고 있고 건강한 먹을거리를 선택할 수 있는 안목을 가지고 있는지가 중요하다. 한 해에도 몇 건씩 터지는 식품사고로부터 우리 가족의 밥상을 안전하게 지키기 위해선 말이다.

에너지 또한 마찬가지다. 가전제품이나 컴퓨터는 사고 나면 바로 '구식'이 된다고 할 만큼 새로운 제품이 쏟아지고 있다. 이들 새로운 제품은 '디자인', '편리함', '능률' 등을 더하거나 강조한 것이어서 에너지 사용은 늘어날 수밖에 없다. 그러나 디자인이나 신제품을 우선으로 제품을 구매한다면 가정의 에너지 사용은 급등하게 되고 전기료도 올라갈 것이다.

아기를 데리고 버스나 지하철을 타고 다니기에는 역부족인 대중교통 시스템도 문제이다. 유모차를 끌고 가기에 불편한 보도도 문제지만, 아기를 데리고 버스를 탄다는 것은 엄마에게 큰 모험처럼 느껴진다. 이런 경우도 효율적으로 대중교통을 이용하고 에너지를 절약할 수 있는 방법이 마련되어야 한다.

이런 여러 가지 이유로 '에코맘'이 되기 위해서는 많은 정보가 필요하다.

서울환경연합 여성위원회(이하 여성위원회)는 1980년대 후반 '공해추방을 위한 여성교육'(공해반대시민운동협의회 주최)을 이수한 주부들이 모여 공해 문제를 '주부'의 시각에서 해결해보고자 만든 단체다. 사회적으로 '주부'란 '여성'의 위치와 '어머니'의 위치를 함께 가지고 있다. 또한 '주부'는 당시 급격히 발전하던 여성운동의 테두리 내에서도 특별히 주목을 받지 못한, 어찌 보면 소외된 계층이다. 여성운동은 여성의 지위 향상과 사회적 역할 확대를 위해 활동했지만, '주부'의 사회적 지위와 가치에 대해서까지 논의를 끌어내지는 못했다.

이에 여성위원회는 공해문제 해결을 위해 '주부가 할 수 있는 생활 속 작은 실천 운동'을 통해 환경을 되살리고 생명을 가치 있게 만들기 위해 노력하고 있다. 이 운동은 '어머니'로서 우리 아이들이 건강하게 살아갈 수 있는 터전을 만들어주자는 마음을 사회적 활동으로 표출함과 동시에 주부의 사회적 역할을 확대시키는 계기가 되었다. 번거롭지만 일회용 비닐봉투 대신 장바구니를 들고, 화학조미료 대신 천연 조미료를 만들어 쓰고, 합성 계면활성제가 들어가지 않은 비누를 사용하는 등 주부의 생활 속 작은 실천들은 혼자 하면 개인의 수고로움으로 끝나지만 사회적으로 모이면 우리의 생활터전을 살리는 큰 힘이 된다.

이렇게 시작한 여성위원회의 '생활 속에서 생명을 살리기 위한 작은 실천운동'들을 정리해보면 크게 다음의 세 가지로 나눌 수 있다.

- 지속가능한 소비문화 만들기
- 건강한 먹을거리 만들기
- 생활 속 유해화학물질 없애기

이러한 기조 속에 여성위원회가 벌여온 운동 중 대표적인 몇 가지를 소개한다. 이는 주부들의 작은 노력이 우리 생명을 살릴 수 있는 큰 흐름이 될수 있다는 것을 알리는 동시에, 특별한 누군가가 아닌 평범한 주부들이 모여 생각을 모으고 활동을 통해 이루어낸 일임을 보여 누구나 '에코맘'이 될수 있다는 것을 전하기 위함이다.

생활 속 작은 실천을 통해 지구의 생명을 살리고자 했던 여성위원회의 활동은 20년이 지난 지금까지 이어지고 있으며, 최근 '에코맘'이라는 사회적 흐름 속에서 그 중요성이 더욱 부각되고 있다. 특히 '환경운동'은 정책적 변화를 이끌어내기 위한 큰 운동도 중요하지만 '개개인의 생활 속 작은 실천 없이는 공허한 외침으로 끝날 수 있다'는 사실을 우리 모두 자각해야 한다. 때문에 환경운동은 다른 분야와 달리 어린이, 청소년, 주부 등 다양한 사회 구성원의 참여가 중요하며 각자 자신의 위치에 맞는 역할이 있다. 또한 그중에서도 여성이 중요한 이유는 환경문제를 통해 더욱 부각되는 사회적 약자인 임산부, 노약자, 어린이의 문제를 '여성'의 시각에서 바라보고 풀면 더 명확해지기 때문이다. 여성의 환경운동은 사회적 약자를 배려하고 그들의 생명을 돌보며 미래 세대를 지속 가능하게 하기 위한 에코페미니즘의 가치와 그들이 생각했던 어머니 지구를 지키기 위한 임무와도 일맥상통한다.

21세기는 환경, 문화, 여성의 시대라고 한다. 이 세 가지 코드를 함께 이룰 수 있는 사람이 바로 '에코맘'이다.

이 책은 새로운 시대가 요구하는 에코맘이 되기 위해 노력하는 분들을 위해 그간 다양한 곳에서 소개되었던 지구와 가정을 건강하게 만들기 위한 지식을 '엄마', '주부'의 관점에서 재조명한 것이다. 아이 키우랴, 가정 돌보라 몸이 세 개라도 부족한 우리 주부들에게 인터넷을 뒤지고 책을 읽어 가치 있는 지식을 판단하도록 요구하기보다는, 그런 수고로움을 덜어 조금이라도 쉽게 에코맘의 길에 들어설 수 있도록 돕고자 함이다. 그간 출간된 책, 신문 기사, 잡지, 인터넷 등에서 소개한 건강한 가정을 만들기 위한 수많은 방법들 중 에코맘이 보기에 유용한 정보들만 거르고 다시 엮어내어 실천하기 쉬운 지침서가 되도록 만들었다. 부디 이 책이 행복한 삶을 위한 좋은 가이드가 될 수 있길 바란다.

문수정(서울환경연합 여성위원회 위원장)

contents

2 : 먹을거리는 불편하게 따져라

4 : 건강은 우리집 밥상에서 시작된다

5 : 주방에서 일회용품을 치워라

$\big(5:$ 녹색 지구를 지켜라

1:

아무것도 사지 마라

green basket

알아야 피할 수 있다

: 몇 년 전 한 방송사에서 '집이 사람을 공격한다'는 프로그램을 방송한 적이 있다. 벽지, 바닥재, 가구, 방향제 등 어느 하나 안전한 것이 없다는 게 주요 내용이었다. 이렇듯 우리는 생활하면서 참 많은 종류의 화학물질을 만난다. 냄새를 제거하기 위한 방향제, 빨래할 때 사용하는 세제, 여러 가지 더러움을 제거하기 위해 사용하는 세정제, 가구 및 자동차 등에 윤이 나게 하기 위한 광택제, 예쁘게 보이기 위한 화장품과 각종 미용용품, 그리고 플라스틱 그릇 및 포장재로 사용되는 각종 합성수지와 의류에 이르기까지 우리 생활 주변 대부분의 것들은 화학물질을 이용해 만들어졌다. 이렇게 우리가 생활하기 위해 사용하는 화학물질은 약 1,500~2,000여 종에 이르며 계속 늘어나고 있다.

이러한 화학물질은 천연 재료로 만들어진 것보다 값도 싸고 견고하고 편리하다는 이유로 많이 사용한다. 그러나 이렇게 아무렇지도 않게 일상적으로 사용하는 각종 화학물질 때문에 우리는 다음과 같은 각종 이상 반응을 느끼곤 한다.

✔ 화장품 하나를 사더라도 향이 강한 것을 사용하지 못하거나 피부 자극 등으로 인해 까다롭게 골라야 한다.

✔ 우연히 들른 식당에서 청소용 소독약 냄새에 인상을 찌푸렸던 경험이 있다.

✔ 머리에 파마나 염색을 하러 갔다가 눈이 따끔거리고 두피 자극이 느껴졌다.

✔ 방향제나 탈취제를 뿌리고 난 뒤 코가 간지럽고 재채기가 났다.

누구나 한두 번쯤 경험했을 이런 증상은 바로 우리가 사용하는 화학물질 속에 인체에 유해한 환경호르몬이 포함되어 있기 때문이다.

실제로 환경호르몬과 관련된 엄청난 사실들이 연일 방송과 신문의 헤드라인을 장식하고 있다. 먹을거리에서 검출되었던 멜라민 파동이 온 국민을 두려움에 떨게 하더니 이번에는 화장품, 그것도 어린 아기에게 사용하는 베이비파우더에서 석면이 검출되어 경악을 금치 못했다. 요즘은 심심치 않게 비스페놀 A 문제가 제기되고 있다. PC(폴리카보네이트) 소재의 플라스틱 용기를 만들 때 사용되는 비스페놀 A가 우리 몸에 악영향을 미친다 하여 보관용기를 생산하는 브랜드에서는 유리로 만든 제품을 새롭게 내놓고 마케팅에 열을 올리고 있다. 그뿐인가. 여름이면 기승을 부리는 모기를 없애기 위해 집집마다 하나 둘씩 꽂아놓은 전자모기향에서는 바이오사이드라는 유해 물질이 나온다고 한다.

마트에 가서 장을 볼 때 자연스럽게 장바구니에 담게 되는 많은 생활용품들이 이제 보니 안전과는 거리가 먼 것들이다. 도대체 안심하고 쓸 수 있는 제품이 있기는 하는지, 그야말로 아무것도 살 게 없는 요즘이다. 이것도 위험하고, 저것도 위험하니 내 가족의 안전을 지켜줄 수 있는 것은 결국 제품을 깐깐하게 따져 고르는 엄마의 노력뿐이다. 기업에서 알아서 우리에게 안전한 제품을 만들겠지 하고 믿고 있을 것이 아니라 제품에 명시된 성분 표기를 따져보고 물건을 고르는 불편함을 마다하지 말아야 한다.

환경호르몬이란?

환경호르몬은 내분비계 장애물질(Endocrine Disrup- tors: EDs)을 말한다. 내분비계의 정상적인 기능을 방해하는 물질로서, 환경으로 배출된 물질이 체내에 유입되어 마치 호르몬처럼 작용한다고 하여 붙여진 이름이다. 미국 EPA(환경보호국)는 '체내의 항상성 유지와 발생 과정을 조절하는 생체 내 호르몬의 생산, 분비, 이동, 대사, 결합작용 및 배설을 간섭하는 외인성 물질'로, OECD는 '내분비계 기능에 변화를 일으켜 정상적인 개체 또는 그 자손의 건강에 위해한 영향을 나타내는 외인성 물질'로 각각 정의하고 있다.

내분비계 장애물질은 생태계 및 인간의 생식기능 저하, 기형, 성장 장애, 암 등을 유발하여 모든 생물종에 위협이 될 수 있어 이를 줄이기 위해 선진국을 중심으로 노력이 모아지고 있다.

내분비계 장애물질이 저해하는 호르몬의 종류 및 저해 방법은 물질의 종류에 따라 다르며 지금까지 알려진 특성은 다음과 같다.

- 생체호르몬과는 달리 쉽게 분해되지 않고 안정적이다.
- 환경 중에 혹은 생체 내에 잔류하며 심지어 수년간 지속되기도 한다.
- 인체 등 생물체의 지방 및 조직에 농축되는 성질이 있다.

유해물질을 가려내는 지혜가 필요하다

환경호르몬이 과학적 근거에 의해 공식적으로 건강에 해를 입힌다고 밝혀지기까지는 짧게는 수년에서 많게는 수십 년까지 많은 시간과 노력이 필요하다. 따라서 어떤 물질의 안전성을 검증하는 동안에도 사용 여부에 대해 끊임없이 논란이 있기도 하며, 몇 십 년을 잘 이용하던 물질이 어느 날 환경호르몬 물질이나 발암물질로 규정되어 사용이 금지되기도 한다. 이렇다 보니 우리는 주변 화학물질에 민감한 반응을 보일 수밖에 없다.

'괜찮겠지, 뭐 괜찮으니까 사용하도록 허가했겠지.'라고 안심하는 것은 매우 위험한 일이다. 반대로 하나하나 따지다 보면 사서 쓸 것이 하나도 없고, 그러다 보면 오히려 둔감해져 포기하고 그냥 넘어가기도 한다. 하지만 지금의 법이 허용하는 것, 즉 '합법'이 절대적 안전을 의미하는 것은 아니라는 것을 명심해야 한다.

또 어떤 사람들은 하나의 화학물질이 환경호르몬이라는 논란이 일어나면 다른 것들까지 통틀어서 '화학제품은 다 믿지 못하겠어.' 라고 과민 반응을 보이기도 한다. 화장품에 환경호르몬 논란이 일어나면 어떻게 된 일인지, 어떤 물질이 원인인지, 어떤 품목에서 발생했는지 꼼꼼히 따지고 잘 살펴보기보다는 집에 있던 화장품을 다 갖다 버리는 식이다. 플라스틱 용기에 대해 환경호르몬 논란이 일어나면 집에 있는 플라스틱 용기를 다 쓰지 않겠다며 갖다 버린다. 하지만 이런 사람들은 곧 다시 플라스틱 용기나 화장품을 집에 들여놓게 된다. 무엇 때문인지 모르는 채 휩쓸려 과민 반응하다 보면 결국 쓸 수 있는 용품이 하나도 없게 되기 때문이다. 무턱대고 마치 유행을 따르듯 반응하지 말고 뉴스 기사나 제품에 명기되어 있는 표시 등을 통해 피해야 할 것과 사용상 주의해야 할 점 등을 꼼꼼히 살펴볼 줄 아는 지혜가 필요하다.

화학물질에 대한 이러한 현황으로 인해 정부는 산업단지에서 화학물질에 높은 농도로 노출되어 생기는 급자스러운 영향에 대한 관리보다 적은 양이라도 지속적으로 노출되어 발생하는 만성적인 질환과 이에 대한 관리에 관심을 가지기 시작했다. 또한 어떠한 물질이나 공기, 물 등 '매체 중심'의 관리에서 인체나 생태계 내의 생명체에 어떠한 영향을 미치는지를 알고 관리하는 '수용체 중심'의 관리로 전환했다. 아울러 지속적으로 노출되어 일어나는 만성적인 질병은 어떤 물질 때문이라는 인과 관계를 밝혀내기 어렵기 때문에 되도록 안전성이 확인되지 않은 물질이 사전에 노출되지 않도록 '사전 예방적' 관점에서 관리하고자 노력하고 있다.

이러한 정부의 시선을 우리 집에 적용해보자. 우리가 무심코 사용하는 화장품, 세제를 비롯한 각종 화학물질이 어떤 것이고 어떤 생활습관에 따라 화학물질에 잘 노출될 수 있는지 파악하는 것이 중요하다. 이는 개개인이 자신이 사용하는 각종 제품들에 대해 관심을 가지고 되도록 안전한 제품을 선택하고 사용하기 위해 노력해야 한다는 것을 의미한다. 또한 앞서 이야기 한 것처럼 고농도의 치명적인 화학물질이 아니라 작은 농도라도 지속적으로 노출되는 것이 위험하므로, 치명적인 유독물질에 대한 관심보다는 우리 생활 전반에 걸쳐 안전한 물건을 사용하고자 노력해야 한다. '에이, 뭐 이걸로 별일 있겠어!' 라는 안일한 생각을 버려야 한다. 가랑비에 옷 젖는 줄 모른다고, 우리 생활 주변의 작은 화학물질에 지속적으로 장기적으로 노출되는 것이 더 위험할 수 있다.

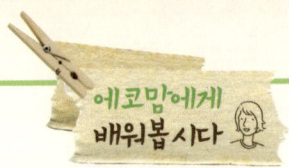

유해성 VS 위해성, 어떻게 다를까요?

화학물질에 대한 자료나 방송 등을 접하다 보면 '유해'하다거나 '위해'하다는 말이 종종 등장하곤 합니다. 특별히 다를 것 같지 않은 이 말은 사실 우리가 지금까지 알아본 개념을 설명하는 중요한 지표가 되는 두 단어입니다.

이들이 어떻게 다른지 알아두면 식품이나 제품 내의 화학물질에 관한 보도가 있을 때 유용하게 활용할 수 있습니다.

유해(有害, danger, harm, hazard)

단어 뜻 그대로 우리 건강에 혹은 생태계에 해가 있다는 말입니다. 발암성, 유전독성, 생식독성처럼 어느 정도의 독성을 가지고 있는지가 규명되어 그 물질의 독성 정도를 나타냅니다. 아무리 치명적인 독성을 가진 물질, 예를 들어 청산가리와 같은 물질이라 하더라도 내 생활에서 사용하지 않으면 영향을 받지 않을 수 있습니다. 하지만 발암성 등 치명적인 독성을 가진 물질은 곳곳에 존재합니다. 이런 물질은 우리 사회에서 사용하지 않도록 금지하고 안전하게 제거하려는 노력이 따라야 합니다. '유해'의 반대말은 '무해(無害)'입니다.

위해(risk)

어떤 유해물질에 노출되어 개인이나 집단에 유해한 결과가 발생할 수 있는 가능성을 뜻합니다. 위해는 흡연과 같이 발암물질 덩어리에 자기 스스로 노출시키는 '자발적 위해'와 대기 오염, 수질 오염, 식품 오염 등과 같이 개인이 통제할 수 없는 상황에 노출되어 발생할 수 있는 '비자발적 위해'가 있습니다. '위해'의 반대말은 '안전(safety)'입니다.

이러한 위해는 어떤 물질이 우리에게 얼마만큼 노출되었을 때 건강상에 유해한 결과를 가져올 수 있다는 확률을 추정하는 과학적인 과정을 거쳐 평가 측정합니다.

이는 결국 독성이 치명적인 물질에 단기간 노출되거나, 독성이 낮은 물질이라 하더라도 지속적으로 노출되게 되면 위해성이 커짐을 의미합니다. 즉, 낮은 독성의 물질이라 하더라도 일상적으로 만성적으로 사용하게 될 경우 우리 건강에 미치는 영향이 커질 수밖에 없습니다. 또한 위해성은 확률을 과학적으로 추정하는 값이기 때문에 예를 들어 '그 물질을 사용하면 암에 걸린다'고 하는 100%의 가능성과 '절대 안전하다'는 0%의 가능성은 존재하지 않습니다.

하지만 위해성을 계산적인 방법으로만 말할 수는 없습니다. 2008년 국민을 백색 공포에 몰아넣었던 '멜라민 검출 사건'을 예로 들어봅시다. 멜라민의 유해성은 발암 가능성도 규명되지 않았고, 독성도 그다지 크지 않은 물질이라고 하지만 우리가 느끼는 위해성은 참으로 컸습니다. 멜라민이라는 물질이 원래 식품에는 사용할 수 없는 것이었음에도 불구하고 제대로 통제되지 못한 것에 대한 불안감과, 우리가 잘 접하지 못했던 생소한 물질이어서 그로 인한 두려움이 더욱 컸습니다. 또한 커피 속 카페인이나 술의 알코올, 담배의 3,000여 가지의 발암물질처럼 우리 몸에 좋지 않다는 것을 알고 있으면서 선택에 의해 섭취하는 것이 아니라, 우리가 모르는 사이 계속 섭취하고 있었다는 점에서 멜라민의 위해성은 더욱 크게 다가왔습니다. 때문에 '위해성'을 평가할 때에는 과학적으로 측정된 정확한 위해성과 함께 사회에서 어떻게 노출되고 인식되고 소통되는지에 대한 이른바 '위해성 정보 공유(risk communication)'가 필요합니다.

몇 가지 환경호르몬은 치명적이다

치즈에서 다이옥신이? 믿고 먹을 게 없다!

　2008년 3월 이탈리아산 모차렐라 치즈, 같은 해 7월 칠레산 냉동 돼지고기에서 다이옥신 검출 사건이 발생하면서 사회적 관심을 모으고 있는 물질이다. 다이옥신은 인간이 필요에 의해 만들어낸 산물이 아니라 염소 공정, 흡연, 자동차 배출가스 및 연소 등 다양한 과정에서 생성되는 물질로 95% 이상이 염소 폐기물을 소각하는 과정에서 발생하는 것으로 알려져 소각장이 주된 다이옥신의 발생지로 알려져 있다. 이외에도 유기계 살충제를 제조할 때 부산물로 발생하거나 일부는 금속을 제련할 때, 오래된 구리 와이어에서 벗겨진 플라스틱 피복을 태우는 폐기물 처리 중에 발생하는 것으로 알려져 있다. 집에서 비닐 등 쓰레기를 태우는 것도 다이옥신을 발생시키는 위험한 일이다. 국제암연구소(IARC)는 다이옥신을 1급 발암물질(인체 발암물질)로 분류하고 생식계 장애 및 면역계의 손상 등을 유발할 수 있다고 보고했다. 식품 외에도 대기, 수질 및 토양과 같은 환경을 통해서도 우리 몸에 들어올 수 있지만, 약 90% 이상은 식품을 통해서 들어오니 실로 섬뜩한 일이 아닐 수 없다. 결국 환경에서 노출된 다이옥신이 먹이 사슬을 통해 최종 소비자인 인간의 몸속에 축적되는 것이다. 이러한 다이옥신을 줄이는 방법은 균형 잡힌 식사와 흡연을 줄이는 것이라고 국제식품규격위원회(CODEX)는 권장하고 있다. 아이에게 안전한 식품을 골라 먹이고 남편을 흡연으로부터 벗어나게 하는 것, 이것이 이 시대 주부의 가장 중요한 역할이다.

유아용 젖병도 안전하지 않다

최근까지도 잦은 논란의 대상이 되고 있는 성분이 바로 비스페놀 A다. 폴리카보네이트(PC, Polycarbonate)라는 플라스틱을 만들 때 가소제로 사용되며 통조림이나 캔 등의 안쪽 면을 코팅할 때도 사용된다. 가정에서 흔히 사용하는 플라스틱 보관용기나 아기가 사용하는 젖병, 플라스틱 젓가락도 안전하지 않다. 환경호르몬 추정 물질로 논란이 많았던 비스페놀 A는 2008년 4월 미국 독성연구소가 연구를 진행한 결과 장기간 복용할 경우 어린이 뇌 발달과 생식기에 이상을 줄 수 있다는 결과를 발표했다. 또 2008년 9월에는 미국 예일대 연구팀과 캐나다 연구팀이 공동으로 '미국 국립과학원보'에 폴리카보네이트의 성분 중 하나인 비스페놀 A가 영장류에 있어서 뇌세포 간 연결을 끊어 우울증 및 기억 장애와 학습 장애를 유발할 수 있다고 보고했다. 우리나라에서도 이 물질에 대한 논란은 끊이지 않고 있다. 폴리카보네이트 용기의 최초 논란은 1990년대 후반 플라스틱 젖병의 안전성이었으며, 2006년에는 폴리카보네이트 용기의 안전성이 언론의 특집 보도를 통해 문제가 되어 이를 생산하는 기업과 대체 제품을 생산하는 기업 간 법정 싸움으로 이어지기도 했다. 또 겨울철 커피캔 등의 캔 제품을 온장고에 오래 보관할 경우 비스페놀 A가 용출될 수 있다고 경고하고 있다.

플라스틱 제품은 프탈레이트라는 성분의 위험도 안고 있다. 프탈레이트는 PVC 플라스틱을 만들 때 유연하게 만들기 위한 가소제로 주로 사용되어 PVC 플라스틱 사용 시 프탈레이트가 환경 중에 방출되게 되고, 접촉을 통해 미량의 프탈레이트에 노출되는 것이다. 프탈레이트는 여러 종류가 존재하며 그중 DEHP, DBP는 2001년 EU에 의해 인간의 번식력을 손상시킬 수 있고 성장에 독성이 있는 것으로 간주해야 할 물질 그룹으로 분류되었다. 2002년 12월 미국 하버드대 연구팀은 프탈레이트 종류 중 DEP가 정자의 DNA를 손상시킨다고 밝혔으며 미국 EPA(환경보호국)도 DEHP를 인체에 암을 유발할 개연성이 높은 물질(IRAC 그룹 2)로 분류하고 있다.

우리 피부와 호흡기가 위험하다

또 한 가지 우리 주변에 흔히 사용되는 화학물질로 노닐페놀을 꼽을 수 있다. 이 화학물질은 계면활성제, 석유제품의 산화방지제, 부식방지제 등에 사용되고 있으며 유사 여성호르몬 작용을 하는 것으로 알려져 있다. 우리 생활 주변에서는 계면활성제의 역할이 주로 합성세제에 사용되는 것으로 알려져 있으나 현재 우리나라 법에는 세제에 사용되는 원료의 모든 성분을 공개하도록 되어 있지 않아 소비자들의 보다 세심한 주의가 필요하다. 최근에는 해외 브랜드의 청바지에서도 노닐페놀이 검출되어 우리 모두를 놀라게 했다. 청바지를 유통하는 과정에서 변질되는 것을 막기 위해 표면에 처리한 약품 때문이다. 정말이지 숨 쉬는 공기, 피부에 닿는 옷자락 하나 안심할 수 있는 건 없는 걸까? 어떻게 주의를 하며 살아가야 할지……. 결국 우리 모두의 관심과 노력이 그만큼 더 필요하다.

27

우리집 가구가 바이오사이드 덩어리?

바이오사이드는 '사람과 동물을 제외한 모든 유해한 생물 제거에 사용되는 물질'로 규정하고 있으며, 비농업용으로 사용되는 살충제, 살균제, 소독제, 보존제, 방부제, 항균제 등 매우 광범위한 물질에 포함되어 있다. 이들 물질은 대부분 인체나 환경에 치명적인 위해성을 갖고 있으며, 전 세계 약 10만 종의 화학물질 중 25%를 차지하는 많은 양이다. 또한 종류도 약 2만여 종에 달해 지난 90년대 후반부터 국제적인 관심사로 떠오르고 있다. 특히 바이오사이드는 인간의 일상생활 장소나 생활용품, 가구 등에도 많이 적용되기 때문에 더욱 심각하다. 한 예로 수중 페인트 및 처리제로 쓰이는 유기 주석류의 경우 해양 생태계 내 생물에게 임포섹스(생식기 교란), 기형 현상 및 성장 지연을 일으켰으며, 일부 목재 방부제의 경우 강력한 발암물질이라는 연구결과가 나오기도 했다. 유해한 생물을 제거하기 위해 만들어진 바이오사이드는 결국 '인간을 포함한 살아있는 모든 생명체에 영향을 미친다'는 점을 잊지 말고 생활 속에서 이를 피할 수 있도록 대책을 마련해야 하겠다.

우리집 **주방**이 위험하다

우리는 늘 식사와 간식 등을 통해 각종 화학물질을 접한다. 식품의 원료를 키우는 데 사용되는 농약이 바로 대표적인 환경호르몬 물질이다. 친환경농산물 등 안전한 원료를 사용해 만든다 하더라도 조리하고, 그릇에 담고, 보관하는 동안에도 우리는 또 다시 많은 화학물질을 접하게 된다.

식품 구매 시 접하게 되는 레토르트 용기, 컵라면 용기, 포장용 합성수지 트레이, 랩, 조리와 보관 등에 사용하는 플라스틱 제품이 가장 많은 논란을 거듭하고 있다. 1990년대 후반 환경호르몬이 우리 사회에 알려지며 가장 먼저 문제가 된 용기는 놀랍게도 우리 아기들이 사용하는 유아용 젖병이었으며, 그 다음은 컵라면을 담는 폴리스틸렌 용기(스틸렌다이머, 스틸렌트리머)였다. 이런 플라스틱 용기의 안전성은 용기의 가공 중 원료로 사용되는 가소제가 주원인이다.

그중 대표적으로 논란이 있는 용기는 PC라고 표기된 폴리카보네이트이다. 마치 유리처럼 투명하지만 가볍고 튼튼해 유리 대체품으로 많이 사용된다. 하지만 이 플라스틱을 만들 때 사용되는 가소제인 비스페놀 A는 오랜

시간 동안 안전성에 관한 논란의 대상이 되고 있다.

테프론 코팅이라고 불리는 코팅된 프라이팬이나 냄비 등도 퍼플로로옥타노익엑시드라는 발암 가능 위해물질이 녹아나올 수 있다고 경고하고 있다. 특히 프라이팬은 기름진 뜨거운 요리에 주로 사용되기 때문에 그 위험이 더 크게 제기되고 있다. 랩 중 PVC 랩은 프탈레이트라는 가소제의 위해성 때문에 사용이 금지되었다. 위험한 물질인 프탈레이트가 사용되지 않은 랩이라 할지라도 기름진 뜨거운 음식에는 닿지 않도록 하고, 전자레인지에서는 되도록 사용하지 말라고 권하고 있다. 주부들이 흔히 명절날 잡채를 무치고, 전을 만들 때 사용하는 일회용 장갑도 기름진 뜨거운 음식을 만지거나 만들 때는 되도록 사용하지 않는 것이 좋다.

안전한 용기인지 확인하고 사용한다

시중에 판매되는 용기는 식품의약품안전청이 관리하는 규정에 맞게 생산되어 판매되는 제품이다. 주부들이 이를 이용할 때 주의할 점은 식품용 기구와 용기인지 먼저 확인하고 사용하는 것이다. 음식점 등의 주방에서 플라스틱을 재활용해서 만든 빨간 고무 대야에 김치를 버무리거나, 플라스틱 바가지로 해장국을 뜨거나, 양파망 등을 이용해 국물을 우려내는가 하면, 위생 봉투가 아닌 비닐봉투에 음식을 담아 냉장고에 보관하는 경우를 종종 보았을 것이다. 또한 다 쓴 고추장 빈 통이나 페트병 등을 다시 이용하는 경우도 많은데, 이렇게 식품용으로 나온 용기가 아니거나 재활용하는 경우에는 안전성과 위생성을 확인할 수가 없다. 음식은 반드시 식품용으로 나온 용기와 기구를 이용하는 것이 제일 첫 번째 주의해야 할 점이다.

전자레인지에 사용해도 되는지, 온도는 어디까지 가능한지, 식기세척기에 사용해도 되는지 꼼꼼히 확인하자. 다 같은 플라스틱 용기로 보이더라도 용기의 재질마다 특성이 다르다. 안전하게 생산된 제품이라도 그 특성을 잘못 이해하고 사용하면 위해한 물질에 노출될 수 있는 가능성이 높아진다.

이런 제품은 특별히 주의하자

알루미늄 용기 알루미늄 호일이나 냄비를 사용할 때는 산을 많이 함유한 제품(토마토, 양배추, 과일류, 신맛이 강한 식품 등)의 조리와 저장에는 사용하지 않도록 한다. 알루미늄이 녹아 나올 수 있다. 도시락 반찬에 신 김치를 담을 때, 산성 성분이 강한 채소나 과일 등을 담을 때 등과 같이 산성이 강한 식품은 알루미늄 호일에 담지 않도록 주의하자.

합성수지제(PA, PC, PES) 젖병류 PA(폴리아미드) 재질의 젖병은 소독기 뚜껑을 덮고 소독하는 경우 105℃를 넘지 않도록 한다. 특히 젖병 안쪽 표면이 긁히거나 손상되어 있다면 손상된 부위를 통해 플라스틱의 원료가 용출되어 나올 수 있으니 즉시 교체한다.

합성수지제 밀폐용기류 밀폐용기 제품을 구입한 뒤에는 반드시 사용 방법을 확인하자. 진자레인지와 식기세척기에 사용해도 되는지, 어느 정도 냉장 혹은 냉동, 뜨거운 온도에 견딜 수 있는지 확인한 후 용도에 맞게 사용한다. 폴리에틸렌(PE) 제품은 열에 약하기 때문에 전자레인지 사용을 피하는 것이 좋다. 유리 용기라 하더라도 뚜껑이 합성수지류로 되어 있는 경우, 어떤 재질인지 확인해야 한다.

발포성 폴리스티렌(PS) 컵라면 용기　종이 용기가 아닌 폴리스티렌 컵라면 용기는 전자레인지에 사용할 수 없다.

멜라민 수지(MF) 식기류　유아용 식기로 많이 사용되는 멜라민 수지 용기도 전자레인지에 사용하면 멜라민 자체의 유해물질이 나올 수 있으니 안전 표시가 되어 있더라도 사용을 자제한다.

코팅 프라이팬　빈 프라이팬을 불에 장시간 올려놓으면 퍼플로로옥타노익 엑시드 등의 환경호르몬이 나오므로 주의한다. 세척 시에도 철수세미나 기타 날카로운 금속으로 표면을 긁어 유해 성분이 벗겨져 나오지 않도록 한다.

뚝배기　뚝배기를 불릴 때에는 맑은 물에 담가두고, 세척은 세제를 묻힌 후 바로 닦아낸다. 그리고 흐르는 물에 여러 번 헹궈내어 뚝배기 내에 세제가 스며들거나 남지 않도록 한다.

페트병　페트병을 재사용하는 경우가 무척 많은데, 여러 번 사용하면 할수록 안티몬이라는 위해물질이 용출될 수 있는 가능성이 높아진다. 물이나 음료 등을 담기보다는 곡식이나 건조된 제품을 보관하거나 다른 용도로 재활용하는 것이 바람직하다.

랩, 위생봉투, 지퍼백, 위생 장갑　100℃ 이상의 뜨겁고 기름진 음식과 닿지 않도록 주의한다. 특히 PVC 소재 랩은 프탈레이트라는 유해물질로 사용이 금지된 바 있다.

세제 대신 EM활성액을 사용하자

    세제를 잘못 사용하면 피부가 가렵고 심하면 아토피 증상을 유발하며 호흡기에도 영향을 미친다. 게다가 초강력 세제라고 광고하는 제품들에는 화상이나 폐 염증을 일으키고, 뇌와 신경계에 영향을 주고, 장기에 영향을 미칠 수 있는 화학물질들이 포함되어 있을 가능성이 높다. 암모니아, 염소, 트리클로로에틸렌과 같은 화학물질을 피하기 위해서는 친환경 세제를 사용하거나 직접 EM활성액을 만들어 쓰는 것이 좋다.

    EM은 유용 미생물군(effective microorganism)의 약자다. 자연계에 존재하는 많은 미생물 중에서 사람과 환경에 유익한 미생물을 조합, 배양한 것을 일컫는 말로, 1982년 일본의 히가 데로오 교수가 개발하여 사용되기 시작했다고 한다. 이렇게 만들어진 EM은 주로 수질 개선과 유기농 비료로 사용되다가, 우리나라에서도 최근 1~2년 사이 생활협동조합 등을 중심으로 사용되기 시작하더니 지금은 마니아가 생길 정도로 널리 확산되었다. 만능 세제로 통하는 EM활성액 만드는 법을 알아보자.

EM활성액 만들기
(1.5~2 *l* 페트병 1개 기준)

준비할 것
1.5~2 *l* 페트병 1개
EM원액 페트병 뚜껑으로 3~4개 분량
당밀 또는 황설탕(또는 흑설탕) 페트병 뚜껑으로 3~4개 분량
쌀뜨물 0.8~1 *l*

만들기

1. 빈 페트병의 절반 정도 높이까지 쌀뜨물을 붓는다. 쌀뜨물은 두 번째 씻은 물이 적당하다.

2. 분량의 당밀이나 설탕을 녹여 ①에 넣는다.

3. ②에 분량의 EM원액을 넣고 페트병의 뚜껑을 꼭 닫아 20~27℃의 따뜻한 곳에 4~7일 정도 둔다. 뚜껑을 열어보아 달콤새콤한 냄새가 나고 가스가 거의 나오지 않으면 완성된 것이다. 발효되는 과정에서 병이 부풀어 오르면 뚜껑을 살짝 열어 가스를 빼주고 다시 뚜껑을 꼭 닫아둔다 (2~3일에 1회 정도).

주방에서 사용하려면 EM활성액을 넣은 물에 설거지할 그릇을 담가두었다가 시간이 지난 다음 씻으면 세제 사용량을 줄일 수 있다. EM활성액은 과일이나 채소에 있는 농산물의 잔류 독성도 줄여주고 또 행주나 도마를 삶지 않고 살균할 때 100배 희석한 활성액을 분무기에 넣어 뿌려주면 효과적이다.

세탁할 때 사용하려면 세탁기(10kg 기준)에 두 컵, 약 500cc 정도의 활성액과 기존 세제를 반 정도 넣고 2~3시간쯤 담가두었다 세탁하면 거품은 적게 일어나고 빨래는 더 깨끗해진 것을 볼 수 있다. 찌든 때는 활성액에 10여 분간 담가두었다가 세탁하면 깨끗해진다.

청소할 때 사용하려면 냉장고 청소, 세차, 유리 닦기 등에 EM 활성액을 희석하여 사용하거나 환기구 팬 등을 청소할 때도 활성액에 담가두었다가 세탁하면 효과적이다. 가스레인지 주변의 기름때는 활성액을 휴지 등에 뿌려 덮어둔 채 하룻밤 지난 후 닦으면 잘 지워진다. 화장실을 청소할 때도 EM 활성액을 뿌리면 악취를 제거하는 데 효과적이다.

집 안의 **환경호르몬**을 잡아라

우리는 일상에서 참 많은 세제를 접하게 된다. 부엌에서 쓰는 것, 화장실에서 쓰는 것, 옷에 사용하는 것 등등. 각자의 기능이 다 다르고 여러 가지를 다 갖춰야 하는 것처럼 광고 매체에서는 홍보한다. '하얗게', '깨끗하게', '세균 박멸', '항균' 등등의 용어와 함께 말이다. 하지만 이렇게 많은 세제들이 과연 우리 삶에 필요할까? 왜 같은 곰팡이를 제거하는데 욕실과 부엌용은 따로 있는 것일까? 세균을 제거하는 세제도 집 안에서 발생하는 세균의 99%를 제거할 수 있다고 하면서 부엌용, 일반용, 욕실용 등을 구분해서 판매하는 이유는 무엇일까? 물론 부엌의 특징과 욕실의 특징을 살려, 또 그에 맞는 향을 첨가해 만들었을 수는 있다. 하지만 굳이 이렇게 다양하고 많은 세제와 세정제를 집 안에 구비해두고 구분하여 쓸 이유는 없다.

물론 하얗고 깨끗하고 윤이 반질반질 나는 집과 옷이 좋아 보일 수는 있지만, 꼭 티끌 하나 없이 하얗고 깨끗한 집과 옷을 유지해야 하는 것인가도 곰곰이 생각해볼 필요가 있다. 우리는 어차피 무균 상태로 살아갈 수는 없다. 하얗게 표백한 흰 옷이 깨끗하고 좋아 보일 수는 있지만, 그렇게 하기 위해 사용하는 표백제 등 화학물질의 위해성을 생각해볼 때 둘 중 어떤 것을 선택하는 것이 현명한 일일까?

티끌 하나 없는 깨끗함보다는 자연스러운 깔끔함을 생각하자. 항균제와 살균제를 사용해야 안심하기보다는 평소에 잘 닦아서 물기를 말리는 방법을, 도마나 행주 등은 흐르는 물에 깨끗이 씻어 햇빛에 잘 말리는 방법을 선택하자. 꼭 새하얗기보다는 특별히 얼룩과 구김이 없는 깔끔한 옷을 입고, 섬유탈취제를 쓰기보다는 바람이 잘 통하는 곳에 걸어두는 자연스러운 방법을 이용하는 것이 우리 지구와 가족의 건강을 함께 지키는 길이다. 우리는 일상생활에서 인터넷, TV 등을 통해 나오는 제품 광고에 젖어 다양한 세정제와 세제를 구비해야만 세련되고 깨끗하다고 생각하기 쉽다. 하지만 다양한 세제를 사용하면 할수록 우리가 집 안에서 노출되는 화학물질의 종류와 양이 늘어나는 것도 생각해보았는가?

그렇다면 이런 다양한 세제들 중 보다 환경적이고 안전한 세제를 선택할 수 있는 방법은 무엇일까? 예를 들어 합성세제 중에는 노닐페놀이라는 환경호르몬 물질을 함유하고 있는 세제가 있다. 하지만 우리나라의 법은 아직 세제에 사용된 각종 원료를 표기하도록 규정하고 있지 않다. 이러한 문제 때문에 우리 엄마들은 세제를 선택할 때 많은 어려움을 겪게 되는데, 최근에는 이러한 문제를 기업 스스로 줄인 친환경 세제들이 많이 나와 엄마들을 기쁘게 하고 있다. 'ㅇㅇ보다 안전한', '먹을 수 있는 원료로 만든', '친환경적인'이란 용어를 이용하여 광고하고 있는 세제들을 조금만 관심을 가지면 만날 수 있다. 이런 제품 중에서도 친환경상품 인증 받은 것을 선택한다면 믿을 수 있는 제품일 것이다.

합성세제 없이 청소하기

세제 없이 청소하는 방법은 간단하다. 합성세제 대신 알코올, 베이킹소다, 탄산소다, 구연산과 같은 인체 무해한 성분을 사용하는 것이다. 이 네 가지만 있으면 집 안 구석구석의 찌든 때, 기름때를 말끔히 해결할 수 있다. 청소 후에도 독한 소독약 냄새가 없고 고무장갑이 없어도 손이 상하지 않는 자연주의적인 청소법이다.

산성인 구연산은 물때 등 알칼리성 더러움을 중화시키고 세균 발생을 억제해준다. 큰 약국이나 인터넷 등을 통해 구입할 수 있지만 만약 구입하기 어렵다면 식초(단, 조미식초는 안 된다)나 레몬 등을 사용해도 좋다. 베이킹소다는 기름때와 냄새 제거에 탁월하여 최근에는 세제용으로 나온 상품도 있다.

이와 같은 무공해 세제와 몇 가지 도구만 있으면 환경호르몬의 위협으로부터 집안을 안전하게 지킬 수 있다. 오염된 곳을 닦는 데 필요한 걸레와 스펀지를 준비한다. 일회용 걸레 말고 빨아서 사용하는 손걸레가 환경친화적이다. 타일 이음매와 같은 좁은 틈은 솔이나 칫솔 하나면 된다.

주방 청소하기

기름때 제거 가스레인지와 벽면, 조리기구, 생선구이 그릴, 스테인리스 소재 주방용품 등의 끈적끈적한 기름때에는 얼룩을 완전히 덮을 정도로 베이킹소다를 뿌려둔다. 베이킹소다가 기름을 흡수하면 아크릴 수세미 등으로 얼룩을 문지르고, 행주나 버리는 낡은 천 등으로 닦아낸다. 그리고 나서 구연산을 희석한 구연산수를 스프레이 용기에 담아 뿌린 후 깨끗한 천으로 닦아낸다.

이렇게 해도 안 되는 경우는 알코올을 묻혀 때를 녹

이고 난 후, 베이킹소다를 뿌려 때를 달라붙게 한다. 끈적끈적하게 붙어 있는 때는 긁어낸 뒤 솔로 문질러서 닦아낸다.

물때 제거 싱크대의 물때를 제거하기 위해서는 구연산수를 만들어 휴지에 뿌린 후, 때가 낀 곳에 휴지를 10분 정도 붙여두면 된다. 휴지를 제거한 후 스펀지 등으로 문질러서 때를 닦아내고, 때가 남아있다면 다시 반복한다. 물때 제거가 끝난 후 물로 깨끗이 씻어낸다.

만약 물때가 생기기 전이라면 물기가 있는 스펀지에 베이킹소다를 묻혀 닦아낸 후 깨끗이 씻으면 물때가 생기는 것을 방지할 수 있다.

수도 파이프 등에 들러붙은 하얀 찌꺼기도 물때를 제거할 때처럼 구연산으로 닦아낸다. 전기 주전자 안쪽에 들러붙은 하얀 찌꺼기도 물때를 없앨 때처럼 구연산을 넣고 물을 끓인 후 닦아내면 깨끗해지고 찻잔에 물든 얼룩은 베이킹소다를 묻혀 문질러주면 잘 제거된다.

싱크대 찌든 때는 베이킹소다와 구연산을 스펀지에 묻혀서 닦아낸다. 물때가 쉽게 끼는 식기건조대 받침은 베이킹소다를 뿌린 후 주방용 솔이나 칫솔로 닦으면 말끔하다.

배수구 베이킹소다를 배수구 안이 가득 찰 때까지 뿌린다. 구연산을 희석한 구연산수 한 컵을 약 50℃ 정도로 데운 후 배수구에 붓고, 바로 마개를 닫아 거품을 배수관 안에 가두어둔다. 30분 이상 그대로 두었다가 뚜껑을 열고 뜨거운 물로 헹궈낸다.

플라스틱 제품 희석한 알코올과 베이킹소다를 부드러운 스펀지에 묻혀 제거하면 깨끗해진다. 닦을 때 흠집이 나지 않게 주의한다.

전자레인지 내부는 희석한 알코올을 헝겊에 묻혀 닦아내고, 냄새는 구연산을 뿌려 닦아준다.

가스레인지 가스레인지에 시꺼멓게 탄 검정 때를 제거하기 위해서는 탄산소다를 칫솔에 묻혀 닦아내고, 외부는 알코올과 베이킹소다를 묻혀 스펀지 등으로 닦아낸다. 세심한 관리가 필요한 스위치와 손잡이는 헝겊이나 칫솔에 알코올을 묻혀 닦아낸다.

냉장고 내부는 스펀지나 헝겊에 알코올과 베이킹소다를 묻혀 닦고, 외부는 아로마 오일과 알코올을 헝겊에 묻혀 닦아낸다. 청소 후 냄새가 나지 않도록 베이킹소다를 그릇에 담아 냉장고 안에 넣어두면 좋다. 2개월 정도에 한 번씩 새로 교환해주면 냉장고 냄새를 잡을 수 있다. 다 쓴 베이킹소다는 버리지 말고 싱크대나 현관을 청소할 때 재활용한다.

냄비 등 식기류 탄 자국은 베이킹소다를 스펀지에 묻혀 주방용 솔로 닦아낸다. 그래도 잘 지워지지 않으면 냄비에 물을 절반 정도 붓고 베이킹소다 2큰술을 넣은 다음 5분 정도 끓인다. 물이 식으면 스펀지나 주방용 솔 등으로 문질러 닦아낸다.

숟가락 물에 베이킹소다를 풀고 숟가락이 푹 잠기도록 넣은 후 하룻밤 정도 불린다. 다음 날 스펀지로 닦아내고 물로 깨끗이 헹군 후 마른 행주로 닦으면 된다.

도마 세균이 번식하기 쉬운 도마는 평소 흐르는 물로 잘 헹군 후 햇빛에 자주 말린다. 씻을 때에는 베이킹소다에 알코올을 섞어 주방용 솔로 문지른 후 물로 깨끗이 헹군다. 그런 다음 알코올을 뿌리고 햇빛에 말려 소독하면 훨씬 위생적이다.

물통 손이 들어가기 힘든 입구가 작은 물통을 씻을 때는 뜨거운 물을 통의 반쯤 붓고 베이킹소다와 구연산을 넣는다. 거품이 가라앉으면 뜨거운 물을 더 붓고 뚜껑을 꼭 닫은 후 위아래로 흔들어준다. 뚜껑을 열어 가스를 빼내고 몇 번 더 흔든 다음 30분 정도 그대로 둔다. 물통 안의 물이 미지근해지면 따라내고 그 물을 칫솔에 묻혀 뚜껑 틈새 부분의 때를 닦아낸다. 마지막으로 물로 깨끗이 헹군 후 잘 말린다.

믹서 믹서 내부의 칼날 등은 손을 다칠 수 있어 깨끗이 닦기가 힘들다. 그럴 때는 뜨거운 물을 믹서 칼날보다 2~3cm 정도 위까지 붓고 베이킹소다를 넣는다. 스위치를 켜서 믹서를 5초 정도 작동한 후 깨끗이 헹궈낸다.

커피메이커 최고 높이까지 물을 붓고 구연산을 넣은 후 스위치를 켜서 기계를 작동한다. 그런 다음 깨끗한 물을 이용해 다시 한 번 작동한 후 사용한다.

욕실 청소하기
곰팡이 제거 온도와 습도가 높고 영양 성분이 있는 곳에 잘 생기는 붉은 곰팡이는 주로 욕실 바닥이나 벽, 세숫대야나 욕실 의자 뒤, 세면대의 배수구 주변, 주방의 음식물쓰레기 거름망 등 물을 많이 사용하는 곳에 생기기 쉽다. 이런 곰팡이는 물을 적신 스펀지에 베이킹소다를 묻혀 문지르면 쉽게

41

제거할 수 있다. 베이킹소다로 닦아낸 후 물로 깨끗이 씻으면 된다. 이렇게 매번 곰팡이가 생긴 후 제거하면 번거로우므로, 닦아낸 후 수시로 알코올을 뿌려두면 곰팡이가 생기는 것을 예방할 수 있다.

타일 틈새, 샤워커튼, 욕실문, 음식물쓰레기 거름망 등 물을 이용하는 곳이나 옷장 등 습기가 있는 곳에 잘 생기는 검은 곰팡이는 한번 생기면 완전히 없애기가 매우 어렵다. 이런 곰팡이는 초강력 세제를 사용해도 완전히 제거하기 힘들기 때문에 자주 환기하고 말려주는 것이 가장 좋은 방법이다.

검은 곰팡이도 마찬가지로 물로 헹궈낼 수 있는 것이라면 베이킹소다로 닦아낸 후 물로 깨끗이 헹구고 충분히 말린 다음 알코올을 뿌린다.

거울과 유리 투명 유리는 알코올을 뿌린 후 닦아주고, 불투명한 유리나 장식 유리는 솔을 이용하여 때를 제거하고 난 후 알코올로 닦아낸다.

주방과 욕실 등 물을 사용하는 곳의 거울이나 유리의 찌든 때는 스펀지에 구연산을 묻혀서 닦아낸다. 때가 잘 지지 않으면 구연산수를 만들어 키친타월이나 휴지에 적셔 5~10분 정도 붙였다가 떼어낸 뒤 물로 헹구고 물기를 제거하면 깨끗해진다.

주방과 욕실 이외에 있는 거울과 유리의 찌든 때는 알코올을 부드러운 헝겊에 묻혀 닦아낸다.

변기 변기나 변기 주변의 누런 얼룩은 구연산을 변기용 솔에 묻혀 닦아낸다. 적당량의 물을 변기 배수구에 부어 변기 안의 물 높이를 낮춘 후, 빈 그릇에 구연산과 물을 섞어서 구연산수를 만들어 고무장갑을 끼고 헝겊이나 솔에 구연산수를 묻혀 얼룩을 문질러서 닦아낸 후 물로 헹궈낸다. 그래도 잘 지워지지 않는 찌든 때는 알코올을 이용해 닦아내면 잘 지워진다.

세탁기 빨래할 때와 같은 양의 물에 베이킹소다를 풀어 불린다. 세탁코스로 잠깐 돌린 뒤 헹굼버튼을 눌러 세탁조 안을 깨끗하게 헹군다. 세탁기 내부는 주기적으로 청소하는 것이 좋다.

그 외의 청소 방법

카펫 카펫처럼 섬유에 낀 때를 제거할 때도 베이킹소다를 이용한다. 베이킹소다를 카펫에 골고루 뿌린 후 청소기로 제거해주면 섬유 깊숙이 침투해 있는 때를 깨끗이 없앨 수 있다.

침대 매트 먼저 빗자루 등을 이용해 먼지와 쓰레기를 제거하고 칫솔로 좁은 틈새에 낀 먼지를 털어낸다. 청소기로 먼지를 빨아들인 후 베이킹소다를 매트 전체에 뿌리고 손빗자루로 골고루 퍼지도록 잘 쓸어준 다음 30분 정도 그대로 둔다. 그 후 청소기로 베이킹소다를 빨아들이고 매트를 세워 바람에 잘 말린다. 앞뒤 양면을 같은 방법으로 반복해주면 늘 상쾌한 기분으로 침대를 사용할 수 있다.

나무 제품 마른걸레질이 기본이다. 가구 등에 묵은 때가 심할 경우에는 알코올을 약하게 희석시킨 뒤 헝겊에 묻혀 닦아낸다.

신발장 신발장 냄새도 베이킹소다로 없앨 수 있다. 빈병이나 그릇에 베이킹소다를 넣은 후 신발장 안에 놓아두기만 하면 된다.

출처 - 〈에코라이프 31〉, 〈함께 사는 길〉

우리는 **화장품**에 속고 있다

    우리나라 여성들은 화장에 관심이 많기로 유명하다. 계절이 나뉘어져 있다 보니 봄, 가을 같은 환절기에는 피부가 건조해져 보습에 신경 써야 하고, 여름에는 자외선 차단이 필수고, 또 겨울철 추운 날씨에는 트지 않게 틈틈이 관리해야 한다. 나이가 들수록 피부도 예전 같지 않으니 주름 관리에 미백도 신경 써야 하고, 맨얼굴 미인이 진짜 미인이라지만 그래도 왠지 그냥 나가면 나만 쳐다보는 것 같아 괜히 민망해진다. 이렇게 하나 둘 화장품을 챙기다 보면 어느덧 십수 가지의 화장품이 화장대에 올라와 있다.

  화장품은 사전적으로 "인체를 청결 미화하여 매력을 더하고, 용모를 밝게 변화시키거나 피부, 모발의 건강을 유지 또는 증진하기 위해 인체에 사용하는 물품으로서 인체에 대한 작용이 완화한 것을 말한다."고 정의하고 있다. 이러한 정의에 따르면 스킨, 로션, 색조 화장품 외에 샴푸나 바스 크림, 그리고 머리에 뿌리는 스프레이나 무스, 왁스 등도 모두 다 화장품에 포함된다. 머리에 염색하는 염색약이나 파마약도 화장품이다. 그런데 과연, 피부와 모발의 건강을 위해 만들어 졌다는 화장품이 정말로 안전할까?

이러한 화장품은 천연 원료를 사용한다고는 하지만 대부분 화학물질로 만들어져 여러 가지 화장품을 매일매일 사용하다 보면 수십 가지의 화학물질에 지속적으로 노출될 수밖에 없다. 특히 화학물질이 우리 몸에 들어오는 주요 경로가 '피부'와 '호흡'이라는 점을 생각해볼 때, '피부'에 직접 바르는 화장품을 어린 나이부터 장기간에 걸쳐 반복적으로 사용하는 것은 이에 대한 안전성이 식품이나 의약품과 마찬가지로 우리 건강에 밀접하게 영향을 미친다는 것을 의미한다. 특히 최근에는 어린이 화장품까지 나오는 등 점점 화장품을 사용하는 연령이 낮아져 살아가면서 더 오랜 기간 화장품의 독성에 노출되게 되었다.

최근 여성환경연대 등은 화장품 등에 사용하는 화학물질이 유방암을 일으킬 수 있다는 주장과 함께 생활 속에서 화학물질로 만들어진 화장품의 사용을 줄여나갈 것을 권하는 캠페인을 벌이고 있다.

이런 화장품의 독성에서 벗어나기 위해서는 광고에 현혹되지 않고 자신의 건강한 아름다움을 키우기 위해 노력하는 마음이 무엇보다 중요하다. 어린이들도 '얼짱' 등 외모에 집착해 어린이 화장품을 사용하기보다 어릴 때부터 건강하고 예쁜 피부를 잘 유지하기 위해 균형 잡힌 식사와 운동을 하는 것이 건강에도 더 좋다. 그러려면 자연스러운 아름다움이 중요하다는 마음을 갖게 하는 엄마의 현명한 가르침이 필요하다.

문제는 어른들이 사용하는 화장품에서 끝나지 않는다. 얼마 전 크게 이슈화되었던 '석면' 문제의 주인공, 베이비파우더와 같은 화장품은 갓난 아이까지도 사용하는 것으로, 엄마들의 걱정은 이만저만이 아니다.

요즘 아이들 사이에서도 '미(美)'에 대한 관심이 높아져 화장품을 사용하는 연령이 점점 낮아지고 있다. 하지만 어린이용 기초 화장품은 '샴푸, 로션, 크림, 오일, 기타 제품'으로 관리되는 데 반해, 초등학교 주변에서 판매되고 있는 립스틱이나 색조 화장품은 완구로 분류되어 안전성이 확인되지 않은 경우가 많다. 지난 2005년 식품의약품안전청에서 시중에 판매 중인 어린이 화장품 32개 세트 59개 제품을 수거해 조사한 결과, 20개 제품에서 납과 메탄올이 검출되었다. 납은 11개 제품에서 기준치인 20ppm을 초과한 21.7~216.2ppm이 검출되었으며, 메탄올은 9개 제품에서 기준치 0.2%를 초과한 0.22~15.02%까지 검출되었다.

엄마가 조심해야 할 것은 세제나 화장품뿐만이 아니다. 여름철 대표적으로 사용하는 살충제가 그중 하나다. 살충제의 냄새를 가리기 위해 오렌지 향이 나거나 혹은 허브 향을 첨가해 만든 제품들을 쓰다 보면 잘 인식하지 못하는 사이 살충제와 함께 살아가게 된다. 특히 24시간 꼽아놓고 생활하기도 하는 전자모기향이 문제다. 여기에 사용된 바이오사이드는 살아있는 생명을 죽이는 화학물질로, 결국 모기를 죽이는 것은 물론, 살아있는 모든 생명체에 조금이라도 영향을 미치게 된다. 바이오사이드의 문제점은 소비자들이 모기향처럼 일상적으로 사용하는 용도에 대해서는 관리나 주의가 소홀하다는 것이다. 이 때문에 소비자들은 바이오사이드에 만성적으로 노출되고 있다.

화장품 안전하게 사용하기

화장품 구입 시 표시사항을 확인하자

2008년 10월 18일 이후로 우리가 일상적으로 사용하는 화장품에도 모든
성분표시제가 도입되었다. 유방암을 일으키는 원인 물질로 의심되는 파
라벤 성분이 들어 있는지, 환경호르몬 프탈레이트가 'ㅇㅇ향' 등으로 표
기되어 있거나 알킬페놀이나 노닐페놀 등이 사용되지 않았는지 꼼꼼히
확인해야 한다.

과대광고에 현혹되지 말자

과대광고, 브랜드 등에 현혹되지 말고 자신에게 꼭 필요한 것인지 생각
해본 뒤 구입하고, 올바르게 사용하자.

유통기한을 확인하자

화장품은 사용하기 직전에 개봉하고, 개봉한 제품은 되도록 빨리 사용한
다. 구입할 때에도 언제 만들어진 것인지, 유통기한은 어느 정도인지 확
인하여 오랜 기간 방치된 화장품은 사용하지 않도록 한다.

아이들의 손이 닿지 않도록 조심하자

사용 후에는 꼭 마개를 닫아두고, 유아의 손이 닿지 않는 곳에 보관한다.
특히 향수, 매니큐어와 매니큐어 제거제 등은 독성 물질이 비교적 많이
함유되어 있으므로 아이들의 손이 닿지 않도록 조심해야 한다.

올바르게 사용하고 보관하자

화장품에 이상이 생겼다 싶으면 사용을 중단하고 바로 버린다. 화장품은
직사광선이나 습기가 많거나 온도가 높은 곳 등을 피하고 서늘하고 주변
이 청결한 곳에 보관한다.

숨 쉬기 편한 집에서 살고 싶다

얼마나 많은 환경호르몬이 끊임없이 우리를 위협하는지 알았으니 다음으로 해야 할 일은 이들로부터의 피해를 최소화하는 것이다. 아이들이 입는 옷, 가지고 노는 장난감, 사용하는 가구 등도 모르고 사용하면 환경호르몬 덩어리인 것이 많다. 무심코 놓아둔 방향제와 방심하고 사용한 세제, 집 안 곳곳의 카페트와 커튼도 우리가 모르는 사이 건강을 해치고 있다.

가족이 안심하고 살 수 있도록 에코 하우스를 만들기 위해 주부들이 발 벗고 나설 때다. 집 안 구석구석 주의해야 할 환경호르몬에 대처하기 위한 청소 요령, 대체 용품 등을 알아두고 '건강한 집 만들기'를 당장 실시한다.

친환경 벽지와 페인트를 고른다

벽지에는 곰팡이의 번식을 막기 위해 살균제가 포함되어 있는데 여기에는 프탈레이트나 트리클로로에틸렌 성분이 포함되어 실내 공기를 오염시킬 수 있다.

비닐로 만들어진 벽지는 가급적으로 피하고, 수성 페인트를 선택하는 것이 바람직하다. 반면 오래된 유성 페인트에는 아이들의 지능지수에 영향을 줄 수 있는 납이 포함되어 있고, 새로 바른 페인트에는 심한 냄새와 함께 포름알데히드, 카드뮴, 트리클로로에틸렌, 석면 등의 유해한 용매가 포함되어 있으니 각별한 주의가 필요하다.

페인트를 사용할 때는 가급적 휘발성 유기화학물이 들어 있지 않은 친환경 페이트를 선택하는 것이 좋다.

아이가 사용할 가구는 꼼꼼히 고른다

가구 중에서도 특히 연령대가 낮은 아동용 의자는 사용 기간이 길지 않고 한시적이기 때문에 고급 원목 대신 분쇄목 합판이나 비닐로 만들어지는 경우가 많다. 이런 소재에는 프탈레이트와 같이 실내 공기를 오염시킬 수 있는 화학물질이 포함되어 있다. 방수 처리된 분쇄목으로 만들어졌거나 비닐 커버를 씌운 어린이용 의자는 되도록 피하는 것이 좋다.

방향제는 무서운 환경호르몬 덩어리다

은은한 향기가 나는 방향제나 초, 향 등은 눈에 보이지는 않지만 화학오염물질을 실내 공기에 방출하는 주범이다. 나쁜 냄새를 없애주고 기분을 상쾌하게 만들어 집이나 차 안에 두고 쓰는데, 여기에는 리모넨이나 프탈레이트 등의 환경호르몬이 숨어 있으니 주의해야 한다. 또한 분사형 방향제의 성분이 아토피 피부염을 유발한다는 보도도 있었다.

벌레 퇴치제는 치워버리자

방이나 거실, 집 안 구석구석에 설치하는 벌레 퇴치제에는 다이파치온, 나프탈렌, 클로르피리파스, 브로메타린, 다이클로로벤젠, 와르파린, 다이아지논과 같이 유해한 화학물질들이 가득하다. 특히 벌레 퇴치제에서 먹이를 먹고 나온 벌레들이 방바닥이나 집 안 곳곳을 다니면서 먹었던 화학물질을 남겨놓기 때문에 아이들이 화학물질을 만지거나 먹을 수 있다. 천연 성분의 벌레 퇴치제를 이용하거나 사전에 곰팡이 등이 생기지 않도록 예방하여 벌레를 방지하는 것도 방법이라 하겠다.

전자파를 주의한다

컴퓨터와 전자제품에는 납과 수은을 비롯한 중금속과 유해화학물질들이 많이 사용된다. 그러므로 쓰레기통에 그냥 버리지 말고 가급적 재활용할 수 있도록 제조회사에 요구하거나 전문적으로 처리하는 곳에 맡기도록 한다. 또한 모든 가전제품에서는 건강에 잠재적인 영향을 미칠 수 있는 전자파가 발생되므로, 사용하지 않을 때는 꼭 플러그를 뽑고 가급적 머리맡에는 두지 않는다.

플라스틱 장난감은 위험하다

방부 처리가 되어 있지 않은 친환경 패브릭이나 가공하지 않은 원목으로 만들어진 장난감을 선택하자. 플라스틱 장난감은 PVC나 비닐을 이용해 만들어진다. 또한 유화제가 사용되기 때문에 카드뮴이나 프탈레이트와 같이 유해한 화학물질이 가지고 놀던 아이들의 입으로 들어갈 수도 있다.

커튼과 블라인드는 천연 소재를 고른다

커튼은 자주 물청소하는 것이 바람직하다. 늘 걸려 있는 커튼이나 블라인드에는 냄새나 알레르기 물질, 기타 실내 공기에 영향을 미칠 수 있는 오염물질들이 계속 달라붙기 때문이다. 되도록 먼지 청소가 쉬운 천연 소재(대나무 등)의 블라인드를 선택하는 것이 좋다. 비닐 소재로 만들어진 커튼이나 블라인드에는 납이, PVC 소재의 샤워커튼에는 프탈레이트가 함유되어 있으니 피하도록 한다.

카펫은 자주 청소하자

집 밖에서 묻어온 화학물질이나 먼지, 진드기들은 카펫에 남기 쉽다. 또한 최근에 많이 사용되는 합성 카펫에는 방염 처리가 되어 있기 때문에 포름알데히드나 PBDEs 등 실내 공기를 오염시키는 물질들이 많이 들어 있다. 카펫을 사용할 경우에는 천연 소재로 만들어진 제품을 선택하고, 미세한 먼지를 99.97%까지 제거할 수 있는 HEPA 필터(high efficiency particulate air filter)가 달린 진공청소기로 일주일에 최소한 두 번 이상 청소하자.

드라이클리닝한 옷은 바람을 쐬어 보관한다

'이 옷은 드라이클리닝하세요.'라고 적혀 있는 옷이 있다. 세탁소에 맡겨 버리면 되니 편리하고 옷 모양새도 망가지지 않아 좋지만 드라이클리닝에 사용되는 화학물질에는 인체에 해로운 다이클로로벤젠, 과염화에틸렌 등의 성분이 들어 있다. 되도록 물세탁을 하고 드라이클리닝하더라도 반드시 비닐을 벗겨 바람이 통하는 곳에 걸어두었다가 옷장에 넣도록 한다.

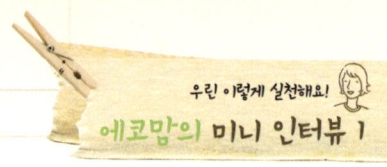
수박껍질로 보습력 강한 스킨을 만들어요

아침에 눈 뜨고 일어나서부터 잠자리에 들기 전까지 하루 동안 사용하는 화장품의 가짓수를 세어 본 적이 있는데 생각보다 너무 많은 종류를 쓰고 있더군요. 화장품에서 피부에 사용해서는 안 될 갖가지 성분이 검출되고 있다는 보도를 접하는 요즘, 이렇게 화장품을 남용하고 있다는 사실을 깨닫고 대책을 세우게 되었죠.

먼저, 화장품을 되도록 사용하지 않으려고 합니다. 탄력크림, 수분크림, 미백크림, 자외선차단제…화장대 위에 가득한 기능성 화장품 중에 나에게 가장 필요한 것 하나를 골라 쓰기로 마음먹었죠. 환절기와 같이 피부가 건조한 때나 한여름처럼 자외선차단에 주의해야 할 때, 특별한 트러블이 있을 때를 제외하면 최대한 화장품 사용을 자제합니다. 대신 물을 많이 마셔서 체내 수분량을 충분히 유지하고 과일과 채소류를 많이 먹어 피부 탄력과 노화 예방에 신경 쓰지요. 먹어서 몸에 좋은 것이 피부에도 좋은 것이란 걸 느낄 수 있어요.

화장품에 들어가는 화학물질 또한 줄여야 하니 향이 강한 것도 피하게 됐어요. 그러다 보니 방부제를 사용하지 않고 향도 없는 천연화장품을 사용하고 있답니다. 특히 피부에 자극이 많은 자외선차단제는 안 쓸 수도 없고 쓰자니 어쩐지 찝찝해서 햇볕이 강한 2~4시 사이에는 외출을 되도록 줄이고 있어요. 아예 안 쓸 수는 없지만 사용량을 줄이는 것만으로도 상당히 도움이 되니까요.

그래도 안심이 되지 않아 얼마 전부터는 과일과 허브, 꿀 등을 이용해 직접 화장수를 만들어 쓰고 있습니다. 수박껍질의 흰 부분은 보습제로 훌륭한 역할을 하는데, 흰 부분을 저며 넣고 알콜수(청주 등)을 부어 화장수를 만드는 거예요. 여름에는 이 수박껍질이 햇볕에 빨갛게 그을린 피부를 진정시키는 데 매우 효과적이지요. 깨끗한 유리병을 준비하고 사과나 귤, 수박 등의 껍질을 깨끗이 씻어 넣은 후 소주 또는 청주를 부어 뚜껑을 덮고 2주 정도 놓아두세요. 다시 이 용액을 새로운 병에 붓는데, 이 용액을 15~20%, 꿀과 같은 보습 성분을 5% 되도록 채우고 나머지는 끓여서 식힌 정제수로 채워 냉장고에 넣고 사용하면 훌륭한 스킨이 된답니다. 방부제가 들어 있지 않으니 소량씩 만들어 냉장 보관하고 사용하는 것이 중요합니다.

우리가 섭취하는 먹을거리도, 피부에 바르는 화장품도 자연 그대로의 것이 가장 좋은 것이라는 진리는 바뀌지 않을 거예요. 화장품까지 만들어 쓰려니 너무 수고스러운 일이지 모르지만 몇십 년 동안 피부에 쌓여갈 화학성분을 생각하면 이쯤의 수고는 얼마든지 감수할 수 있어요.

_에코맘 이현숙

53

2:

먹을거리는
불편하게 따져라

green basket

아이에게 무엇을 먹일까

전업 주부는 전업 주부대로, 직장을 다니는 주부는 일하는 주부대로 오늘은 뭘 먹을지 날마다 때마다 고민한다. 요즘처럼 하루가 멀다 하고 뉴스에 광우병, 조류독감, 돼지독감 등 먹을거리에 대한 뉴스가 많이 나오는 때엔 고민이 더해진다.

요즘 마트에 가면 '유기농', '웰빙', '건강', '영양 강화'라는 말로 소비자를 유혹하는 코너들을 곳곳에서 볼 수 있다. 유기농 과자, 수퍼푸드, 헬스푸드, 무방부제, 무색소, 무MSG… 등. 오히려 이런 말이 붙어 있지 않은 제품을 찾기가 힘들 정도다. 그만큼 건강한 먹을거리에 목말라 있다는 이야기니 슬픈 현실이 아닐 수 없다.

하지만 문제는 이런 제품들조차도 100% 믿을 수 없다는 것이다. 한 가지 예로 '유기농 쇼트닝 첨가'라는 표기를 들 수 있다. 유기농이라는 말에 안심하고 구입을 하지만 사실 쇼트닝이라는 것 자체가 첨가물이니 이것 역시 완전히 안전한 먹을거리가 아니라는 것이다.

물론 친환경농산물만 먹고 아이에게 100% 유기농 과자만을 먹일 수는 없을 것이다. 중요한 것은 식품에 표시된 성분을 따져 먹어도 좋을 것과 피해야 할 것을 구분할 수 있는 에코맘의 지식이다.

패스트푸드에는 트랜스지방과 염분이 많다고 하고, 외식을 하면 화학조미료를 많이 사용한다고 하고, 빵과 과자에도 방부제, 색소 등이 들어 있다고 한다. 이렇게 하나 둘 제하다 보면 결국 채소밖에 먹을 것이 남지 않는데, 채소는 아이들이 싫어하고 잘 먹지도 않으니 매번 싸워가며 먹여야 한다. 이런 저런 고민을 하다가 결국은 간편하게 한 끼 외식을 선택하고 만다. 값도 싸고 맛도 좋고, 한번쯤은 괜찮겠지, 우리 가족은 괜찮겠지 하며 말이다.

어릴 적 보던 공상과학만화에는 이런 장면들이 등장하곤 했다. 주인공이 식사 대신 달랑 알약 하나만 먹고 하루를 지내는 것이다. 매 끼니를 챙겨 먹는 일이 귀찮고 번거롭지만 안 먹고는 살 수 없으니 영화처럼 알약 하나만으로 하루를 버틸 수 있다면 얼마나 좋을까.

과연 먹는다는 것은 무엇일까? 먹는다는 것은 우리가 생명을 유지하고 보존하기 위해 꼭 필요한 에너지와 영양물질을 얻는 필수불가결한 일이다. 지금 우리에게는 공상과학만화에 나오는 알약이 없으니 우리는 성장하기 위해, 하루를 살아갈 에너지를 얻기 위해, 생명을 유지하기 위해 반드시 먹을거리를 찾아야만 한다. 우리가 먹은 음식은 바로 우리 몸에서 소화 흡수되어 우리에게 에너지가 되고 피가 되고 살이 된다. 때문에 우리가 먹은 먹을거리가 마음에 들지 않는다고 해서, 혹은 잘못되었다는 사실을 알게 됐다하더라도 다시 되돌릴 수도 뱉어낼 수도 없다. 먹을거리는 먹는 순간 나의 몸이 되고, 내 건강의 바탕이 되는 것이다.

우리가 살아가기 위해 꼭 필요한 '의 · 식 · 주' 중에서 새로 산 옷이 잘 맞지 않고 마음에 들지 않으면 입다가 입지 않을 수도 있고 바꿀 수도 있다. 집도 좋은 조건을 찾아 이 집 저 집 이사 다니기도 한다. 우리는 이런 옷과

집을 위해 공부도 많이 하고 정보 수집에도 부지런을 떤다. 싸고 좋은 것, 혹은 건강에 좋은 것 등을 찾아서 말이다.

하지만 한 번 먹으면 우리 몸이 되는 소중한 먹을거리에 대해, 내 생명을 유지하기 위해 꼭 해야만 하는 식사에 대해서는 얼마나 관심을 기울였을까?

그동안 나와 내 가족의 먹을거리에 무심했다면 다음과 같이 질문해보자.

✔ 습관적으로 아무 생각 없이 한 끼 때우고, 나 몰라라 하고 있지는 않나?

✔ 나와 내 아이, 가족 건강을 책임지는 먹을거리를 함부로 고르지는 않았나?

✔ 심리적 불안 등 스트레스를 날려버리기 위해 의미 없이 먹고 또 먹고 하지는 않았나?

✔ 짜고, 달고, 맵고 알 수 없는 소스와 향신료로 범벅된 자극적인 음식에 길들여져 미각을 잃어가고 있지는 않은가?

✔ 가족과 함께 식탁에 모여 천천히 식사를 즐긴 적이 언제였나?

✔ 언제나 급하게 식사하고 인스턴트로 때우는 습관에 길들여지지는 않았는가?

그동안의 식사 습관에 문제가 있었다고 느낀다면 이제부터라도 몸에 좋은 음식을 바른 습관으로 섭취하도록 신경 쓰자.

그렇다면 이렇게 중요한 먹을거리를 우리는 어떻게 선택해야 할까? 각종 매체나 인터넷, 텔레비전, 책 등을 통해 너무 많은 정보가 쏟아져 나오고 있는 요즘이다. 한쪽에서는 좋다고 하는데 다른 쪽에서는 나쁘다고 하는 경우도 있다. 절대 안 된다는 사람도 있고 이 정도는 괜찮다고 말하는 사람도 있다. 이런저런 정보를 찾아 읽다 보면 머리만 혼란스럽고 마음만 복잡해진다.

좋은 음식 나쁜 음식 가리다 보니 먹을 것이 없다. 이것은 이래서 안 되고, 저것은 저래서 안 되고…. 냉장고에 있던 나쁜 음식 다 버리고, 장을 보러 가면 카트를 밀고 아무리 돌아다녀도 살 게 없어 고민이다. 그러다 보면 결국 '에이, 이렇게 스트레스 받는 것보다 차라리 아무거나 잘 먹고 마음 편한

게 낫겠다.' 하게 된다. 어차피 완벽하게 피할 수도 없다면 적당히 먹고 살자는 것이다.

좋은 음식, 나쁜 음식 가려보겠다고 작정하고 나서도 법적으로 허가된 식품첨가물만 620여 가지에, 향료는 무려 1,800가지나 되는데 이 많은 것들에 대해 어떻게 우리가 완벽히 알 수 있겠는가. 거기에 더해 수십 종의 환경호르몬 물질에, 수백 종의 농약에, 항생제까지 아마 평생을 공부해도 일일이 그것들을 다 파악하기도 어려울 것이다.

하지만 그렇다고 해서 좋은 음식, 나쁜 음식이 무엇인지 알고자 노력하는 마음마저 접을 수는 없는 일이다. 사회생활을 하면서 나쁜 음식을 철저히 피하고 안 먹을 수는 없지만, 되도록 줄이고자 하고 설사 나쁜 음식을 먹었다 하더라도 스스로 이겨낼 수 있는 힘을 길러야 한다. 컵에 들어 있는 물에 잉크 한 방울이 떨어진다고 해서 컵 전체의 물 색깔이 한번에 변하지는 않는다. 하지만 한 방울 한 방울 더해지면 결국 그 물은 되돌릴 수 없는 상태가 되고 만다. 건강도, 먹을거리도 마찬가지다. 일상적으로, 반복적으로 먹다 보면 우리 몸의 면역력이 점점 떨어지고, 결국 몸 전체의 건강을 잃게 되는 것이다.

이제, 내 몸을 위해 그리고 우리 가족의 건강을 위해 좋은 음식과 나쁜 음식은 가려 먹어야겠다는 마음의 준비가 되었다면 조금 귀찮고 불편해도 하나하나 기본적인 것부터 살펴 우리집 밥상 위에 안전한 먹을거리를 지켜나가는 노력이 필요하다.

식품첨가물이 건강을 위협한다

食품첨가물은 가공식품의 발전 과정에서 사용되기 시작했다. 맛을 개선하고 좋게 하기 위한 각종 조미료, 유통의 편리함을 위한 보존료, 상품의 가치를 높이기 위한 착색료, 착향료 등을 이용해 공장에서 일괄적으로 만들어 대량 유통될 수 있도록 만든 것이다. 물론 첨가물이라고 해서 다 나쁜 것만은 아니다. 때에 따라서는 생명에 치명적인 미생물의 번식을 막기도 하고 나쁜 맛을 없애기도 한다. 하지만 문제는 아무리 안전성 평가를 마쳤다 하더라도 우리는 다양한 음식을 통해 하루에도 십수 가지의 첨가물에 노출된다는 사실이다. 또 한 가지 식품에 들어간 양은 안전할 수 있으나 여러 가지 식품을 통해 한 가지 첨가물을 여러 번 섭취할 수 있다는 점이다. 이렇게 일생을 통해 우리 몸에 들어오는 양과 종류를 생각해볼 때 식품첨가물을 많이 사용한 식품을 과연 좋은 식품이라고 할 수 있을까? 게다가 식품첨가물은 우리 아이들이 좋아하는 빙과류, 과자류 등에 많이 사용되고 있으니 심각한 문제가 아닐 수 없다. 한창 성장기에 있는 아이들이니만큼 엄마의 세심한 주의가 더욱 필요하다.

또한, 지금까지는 안전하다고 사용되던 첨가물이 하루아침에 위험한 물질로 판명되기도 한다. 과학기술의 발전에 따라 식품첨가물의 위해성도 새롭게 밝혀지고 있으며 그 경우 사용이 제한되거나 아예 금지된다. 국제적으로 사용에 대한 권고 기준은 있으나 나라마다의 식습관에 따라 첨가물의 사용기준과 종류도 각기 다르다. 그러므로 법적으로 허용된 첨가물이라 하더라도 완전히 안전한 것은 아니다. 합법적이라 해도 최소한의 안전 기준을 마련해둔 것에 불과함을 기억하자. 특히 다음의 식품첨가물에 대해서는 각별한 주의가 필요하다.

유통기한을 늘리는 방부제

흔히 방부제라고 부르는 보존료는 세균류의 성장을 억제하거나 방지하여 식품이 잘 썩지 않게 하는 화학물질로, 식품이 만들어져 유통 보관되는 동안 장기적으로 보존하기 위해 사용한다. 우리나라에서 대표적으로 사용되는 보존료는 소르빈산과 안식향산이다. 흔히 소르빈산칼륨, 안식향산나트륨 등의 형태로 첨가된다. 보존료가 주로 사용되는 식품은 초콜릿, 청량음료, 햄 등 육가공품, 어묵류, 치즈, 버터 등 유가공품과 잼, 오이지, 청주, 간장, 된장, 심지어 식초에도 사용된다. 방부제를 완벽하게 피할 수는 없겠지만 되도록 유통기한이 짧은 유기농 제품을 선택하고 성분표시를 잘 살펴야 하겠다.

와인까지 점령한 산화방지제

지방질이나 비타민 등을 함유한 식품은 공기 중의 산소와 만나 쉽게 변질

된다. '산패'라고 부르는 이 과정을 막기 위해 사용하는 것이 바로 산화방지제다. 소르빈산과 EDTA 칼슘2나트륨, 아스코르빈산 등이 많이 사용되며, 주로 어패류, 건어패류, 염장 어패류, 냉동 어패류, 유지, 마요네즈, 버터 등에 사용되고 있다. 이밖에 최근 와인에 사용된다고 하여 주목하게 된 아황산염도 대표적인 산화방지제다. 이 아황산염은 천식 증상을 악화시킨다고 알려져 있어 특별한 주의가 필요하다.

보기좋은 색으로 유혹하는 합성착색료

아이들이 좋아하는 과자류나 빙과류에 알록달록 색을 내기 위해 사용하는 첨가물이다. 타르계의 이 착색제는 소비욕구를 충족시키기 위해 색깔을 내는 역할 외에는 아무런 기능이 없다. 적색 2호, 적색 3호, 황색 4호, 황색 5호, 적색 40호, 적색 102호, 녹색 3호, 청색 1호, 청색 2호 등 16가지 종류가 법적으로 허가되어 사용되고 있다. 주로 아이스크림 등의 빙과류, 과자류, 캔디, 초콜릿 등 아이들이 좋아하는 기호식품에 사용되고 있으며, 밥상에 자주 오르는 두부, 김치, 꿀, 젓갈류, 면류, 천연식품, 소스 등 '국민 다소비 식품' 47개 품목에는 사용이 금지됐다.

보기 좋게 하기 위해 색깔을 내는 것 외에 아무런 역할을 하지 않고, 첨가물 중 안전성에 대해 가장 논란이 많은 것이 타르계 색소다. 이 타르계 색소는 소화 효소의 작용을 방해하고 간, 위 등의 장기 장해를 일으킬 수 있다. 발암성이 제기되고 있기도 하다. 황색 4호는 민감한 사람에게 주의를 요하는 첨가물로, 과잉행동장애를 유발하는 것으로 알려져 있다.

아이들 군것질에 남용되는 착향료

음식에 향이 없으면 음식 맛을 잘 느낄 수 없다고 한다. 이처럼 음식에 향을 강화시키기 위해 사용하거나, 좋지 않은 냄새를 없애고 냄새를 변화시키기 위해 사용하는 물질이 착향료이다. 흔히 우리는 '바나나 향'이라고 하면 바나나 향 하나가 들어갔으리라 생각하지만, 사실 이 바나나 향을 내기 위해서는 수십 종류의 착향제가 필요하다. 계피알데히드, 바닐린, 벤즈알데히드, 벤질알코올, 시트랄, 에틸바닐린 등 2,000~3,000여 종이 사용되고 있으며, 2006년부터 정부는 사용해도 되는 착향료 1,800가지를 목록화하여 관리하고 있다. 주로 빙과류, 과자, 캔디, 아이스크림, 빵, 껌, 마가린, 초콜릿 등에 광범위하게 사용된다.

중독성을 가진 감미료

설탕 대신 각종 음료 및 가공식품에 널리 사용되는 물질로, 수크랄로오즈, 아스파탐, 사카린메이드 등이 주로 사용된다. 당뇨병 등으로 인해 당분을 잘 섭취할 수 없는 사람들을 위해 개발되었지만 이 역시 안전하다는 생각을 해서는 안 된다. 최근에는 체중 감량에 관심이 많은 사람들이 '무설탕'이라는 단어에 현혹되어 감미료가 들어간 제품을 무조건 선호하는 경우가 있는데, 감미료 역시 과다하게 섭취할 경우 만성중독을 일으키는 해로운 식품 첨가물임을 잊지 말아야 한다.

발암물질이 함유된 발색제

햄, 소시지 등 어육 가공제품의 색을 선명하게 하기 위해 사용되는 첨가

물이다. 고기를 굽거나 삶으면 고기의 색깔이 옅어지는 것을 보았을 것이
다. 색깔이 붉지 않으면 식욕을 자극하지 않기 때문에 고기의 붉은 색을 유
지하기 위해 발색제를 사용한다.

　대표적으로 사용하는 발색제는 아질산나트륨이다. 햄, 소시지, 어육 가공
제품, 젓갈류 등의 식품에 사용된다. 아질산나트륨은 단백질 성분인 아민
과 합성하면 니트로조아민이라는 발암물질을 만들어내는 것으로 알려져
있다. 특히 헤모글로빈의 기능이 아직 미비한 어린 아이의 경우 헤모글로
빈 빈혈증, 호흡기능 약화 등을 일으킬 수 있다. 하지만 아질산염은 육가공
품에 잘 생성되는 치명적인 식중독균인 보틀리즘균을 억제하는 기능도 가
지고 있어 육가공품의 장기 유통 보관을 위해서는 꼭 필요한 첨가물이기도
하다. 때문에 되도록 햄 등 육가공품을 선택할 때에는 수제품이나 발색제가
들어 있지 않고 유통기한이 짧은 것을 선택하는 것이 좋다.

에코맘에게
배워봅시다

식품성분표시, 귀찮아도 꼭 확인하세요!

식품첨가물은 식품의 조리, 가공 또는 제조과정에서 식품의 상품적, 영양 및 위생적 가치를 향상시킬 목적으로 인위적으로 첨가한 물질입니다. 주로 식욕 증진, 영양 강화, 품질 계량, 보존 등의 목적으로 첨가됩니다. 천연첨가물과 합성 첨가물, 그리고 목록화되어 관리되고 있는 합성착향료까지 합치면 2,400여 화학물질이 식품첨가물이라는 이름으로 우리의 먹을거리에 일상적으로 사용되고 있습니다.

- **천연첨가물** 천연 재료로 만들어진 첨가물을 말한다. 동식물에서 분리한 것이나 미생물 그 자체, 그 발효 생성물, 그리고 효소를 이용한 합성물 등으로 현재 194품목 이 지정되어 있다.
- **합성첨가물** 자연에는 존재하지 않는 물질로 천연에 존재하는 물질에 인공적인 합성을 가한 것을 말한다. 천연의 물질에 염류 또는 기타의 물질을 부가시킨 경우로 416 품목이 지정되어 있다.
- **합성착향료** 향을 내기 위해 사용하는 향료의 경우에는 2006년부터 알기 쉽게 1,800여 품목을 목록화하여 관리하고 있다.

2006년 9월 8일부터는 가공식품에 들어간 모든 원료를 표기하는 '식품완전 표시제'를 시행하고 있으므로 구입할 때는 원료 표기를 꼼꼼히 살펴보는 노력 이 필요합니다. 식품완전표시제도란, 정부가 식품 생산자와 판매자에게 가격과

품질, 성분, 성능, 효력, 원산지와 제조일자, 유효기간, 사용방법, 영양가치 등에 관한 각종 식품정보를 정확하게 알리기 위해 표시하는 것을 말합니다. 제품의 포장지나 용기에 문자 및 숫자, 도형 등을 사용하여 표기합니다.

우리가 일상적으로 구매하는 가공식품에는 일반적인 식품성분표시 외에 열량, 나트륨, 트랜스지방 등을 확인할 수 있는 영양성분도 표시되어 있습니다. 이런 식품성분표시를 확인하는 것은 가족을 위해 안전한 가공식품을 구매하는 데 있어 가장 우선해야 할 습관입니다.

식품성분표시 라벨에서 다음을 확인하고 있나요?

√ 제품명(기구 또는 용기, 포장은 제외)

√ 식품의 유형(별도로 정하는 제품에 한함)

√ 업소명 및 소재지

√ 제조년월일(별도로 정하는 식품에 한함)

√ 유통기한 또는 품질유지기한(식품첨가물과 기구 또는 용기, 포장은 제외)

√ 내용량(기구 또는 용기 포장은 제외)

√ 원재료명 및 함량

√ 성분명 및 함량

√ 영양성분(별도로 정하는 식품에 한함)

MSG가 비만을 부른다

: 식품에 존재하지 않는 맛을 내거나 기존의 맛을 더욱 강하게 만들거나 혹은 바꾸고 없애는 물질로 사용되는 식품첨가물 중 하나가 인공 조미료다. 지난 100여 년 동안 인공 조미료는 많은 소비자들에게 쉽고 싸게 맛을 낸다는 이유로 애용되어 왔다. 그러나 최근 MSG(MSG: Monosodium Glutamate)라고 불리는 글루타민산나트륨(L-글루타민산나트륨이라고도 한다)의 인체 위해성이 지속적으로 제기되면서 소비자들 사이에 우려의 목소리가 높아지고 있다.

MSG는 비만을 유발하는 화학조미료로, 현대인들의 식습관을 생각해볼 때 성인은 물론 아이들도 무방비로 노출되어 있는 상태다.

2008년 8월, 노스캐롤라이나 대학 연구팀은 중국 내 3개 지역에서 40~59세 사이의 건강한 성인 752명(여성 48.7%)을 대상으로 가공식품을 섭취하지 않고 가정에서 직접 조리한 음식을 먹도록 하면서 MSG 섭취와 비만과의 관계를 조사했다. MSG 섭취량을 기준으로 세 그룹으로 나눠서 진행한 실험에서 MSG를 가장 많이 섭취한 그룹은 그렇지 않은 그룹에 비해 최대 3배 이상 과다체중인 것으로 나타났다. 이 연구팀은 운동 등 신체 활동이나 열량 섭취와 상관없이 화학조미료를 첨가한 식단을 유지하면 비만이 될 수밖에 없다고 결론을 내렸다. 특히 이 MSG를 아이들이 섭취할 경우 성장호르몬 부족형 비만을 유발할 수 있어 더욱 각별한 주의가 필요하다.

이렇게 문제점이 발견되면서 소비자들이 조미료를 기피하자 '무MSG'를 강조하며 판매하는 제품들이 늘고 있다. 마치 인공 조미료를 전혀 사용하지 않은 것처럼 광고하고 있지만, 이는 아미노산계인 글루타민산나트륨을 사용하지 않은 것이지, 조미료를 사용하지 않았다는 뜻은 아니다. 대부분 새로운 조미료인 이노신산나트륨, 구아닐산나트륨 등 핵산계 조미료를 사용하고 있는 경우가 허다하다. '무MSG'이지만 '무인공 조미료'는 아니라는 사실을 인지하고 제품 구입 시 꼼꼼히 살펴봐야 한다.

거의 모든 가공식품에 사용되는 것으로 알려진 이 인공 조미료는 여러 가지 위해성이 제기되고 있지만, 그중에서도 가장 위험한 것은 바로 인공 조미료의 맛에 길들여지는 것이다. 인공 조미료에 길들여진 입맛은 인공 조미료가 사용된 제품을 더욱 찾게 되고, 이런 과정을 통해 우리 몸에 좋지 않은 첨가물이 들어간 가공식품이나 자극적인 음식을 탐닉하는 결과를 낳는다.

또한 인공 조미료를 집이나 음식점 등에서도 사용하게 되면서 집집마다 고유하게 만들어 사용하던 대표적 슬로우푸드(slow food)인 장류와 천연 조미료를 멀리하게 되었다. 결국 가정의 음식까지 패스트푸드(fast food) 화하는 나쁜 결과를 가져온 것이다.

요즘은 인공 조미료를 멀리하고 천연 재료로 맛을 내기 위해 노력하는 가정들이 많아졌지만, 천연 조미료에 인공 조미료를 더한 시판 조미료를 천연 조미료로 오인하여 사용하는 경우도 여전히 많다. 시판되는 조미료에 의존하기보다는 멸치, 다시마, 버섯 등 몸에 좋은 천연 재료를 이용하고 된장, 간장 등 전통의 장으로 맛을 내려는 노력이 필요하다.

천연 조미료로 MSG 걱정 끝!

1. 콩가루
국, 나물 등에 구수한 맛을 낸다. 날콩을 햇볕에 바짝 말리거나 삶아서
프라이팬에 볶은 다음 분쇄기에 넣고 곱게 간다. 산패될 수 있으므로 조
금씩 만들어 바로 먹는 것이 좋다.

2. 볶은 소금
시중의 가공한 표백소금은 미네랄은 하나도 없는 나트륨 덩어리다. 미네
랄이 살아있는 천연 소금을 프라이팬에 볶아두고 요리할 때 사용한다.

3. 들깨가루
나물, 국 등에 넣으면 고소하고도 독특한 맛을 낸다. 들깨를 깨끗이 씻어
물기를 뺀 뒤 프라이팬에 볶은 다음 분쇄기에 넣고 곱게 간다.

4. 버섯가루
표고버섯을 말려 팬에 바짝 구운 다음 곱게 갈아서 사용한다.

5. 미역, 다시마 가루
국, 나물, 이유식, 쌈장 등에 넣으면 끈기가 생기고 맛도 좋아진다. 자연산
미역과 다시마를 깨끗이 씻어 잘 말린 다음 분쇄기에 각각 갈아 만든다.

6. 황태가루
황태를 깨끗이 손질한 다음 뼈와 머리, 껍질을 발라내고 살만 간다.

7. 멸치가루
신선한 멸치를 골라 잘 말리거나 기름을 두르지 말고 볶은 후 분쇄기에
간다.

*p124 'MSG 걱정 없이 만드는 천연 조미료'에 더 많은 정보가 있습니다.

유전자조작식품, 안심할 수 없다

　　　：요즘은 쇠고기나 돼지고기, 콩을 비롯한 각종 채소 등을 판매하는 곳에서 순수 국내산임을 강조하는 일이 많다. 주부들도 국내산임을 확인해야 안심하고 구입한다. 그만큼 식품의 안전성이 제대로 보장되지 않기 때문이다. 특히 콩이나 감자, 옥수수 등은 '유전자조작'으로 생산된 신품종들이 생겨나면서 이들 식품이 과연 몸에 해롭지 않은가에 대한 논란이 끊이지 않고 있다. 날이 갈수록 먹을거리는 풍부해지고 있지만 정작 엄마들이 장바구니에 안심하고 담을 수 있는 식품은 그리 많지가 않다. 그야말로 풍요 속의 빈곤이 아닐 수 없다.

　유전자조작생물체란 종(種)이 다른 생물의 유전자를 삽입해서 새롭게 만들어지는 생물체를 말한다. 종(種)이란 생물의 기본 단위로 교배가 가능한 생물의 무리를 말한다. 그러므로 유전자조작은 생태계의 기본 질서인 종 간의 벽을 뛰어넘어 교배가 불가능한 다른 생물의 유전자를 삽입하여 자연적으로 존재하지 않는 생물체를 만들어내는 것이다. 감자, 옥수수, 콩 등에 유전자조작이 행해지면 유전자조작농산물이 되며, 이 농산물을 가공하면 유전자조작식품(GMO: Genetically Modified Organisms)이 된다.

흔히 육종과 유전자조작이 같은 것인지 다른 것인지 헷갈려 하는 경우가 많은데, 육종은 같은 종 내에서 다른 형질을 갖는 품종을 찾아 교배한 것이다. 이러한 육종을 통해 원하는 형질을 얻으려면 몇 세대를 거쳐야 가능하며, 이는 이미 우리 조상들이 수천 년에 걸쳐 농사를 통해 해온 것으로 오랜 세월 동안 자연 속에서 안전성이 검증된 것이다.

하지만 유전자조작은 과학적으로 원하는 형질을 나타내는 특정 유전자를 인위적으로 떼어 내어 다른 생명체에 집어넣는 것으로, 육종에 비해 원하는 형질이 발현될 가능성이 높고 시간이 적게 걸린다. 자연에서는 절대로 일어날 수 없는 종들 사이에서 유전자가 섞여 새로운 종이 만들어지는 것이며, 아직 세상에 나온 지 30여 년밖에 안 된 새로운 기술로 이들이 인간과 생태계에서 어떤 역할을 하고 어떤 영향을 미칠지 아직 안심할 수 없다.

게다가 이미 우려되는 위험으로 인체 내 알레르기 유발과 항생물질 내성 증대 등이 제기되고 있다. 더욱 치명적인 것은 생태계 위험이다. 어떤 유독한 화학물질이 자연에 유출되었을 때 그 양과 정도는 스스로 확대되지 않는다. 반면 유전자조작된 씨앗은 살아있는 것으로 스스로 번식, 발전할 수 있다. 즉, 이는 그것을 심은 지역에만 번식하고 남아있는 것이 아니라 자연 생태계 내로 퍼져가는 것을 의미하며 아무도 통제할 수 없다는 것을 의미한다.

이렇게 아직까지 안전성이 완전히 입증되지 않았고 우리가 통제할 수도 없는 유전자조작은 우리의 의도와는 다르게 이미 우리 먹을거리 안에 깊숙이 들어와 있다. 제품을 개발한 회사들이 적극적으로 판매한데다 식품회사들이 기존의 일반 농산물보다 훨씬 가격이 싼 유전자조작 농산물을 이용했기 때문이다. 특히 유전자조작된 농산물을 개발한 국가에서는 사람이 먹기보다는 주로 사료용으로 사용하고 있는데, 우리나라의 경우 사료용으로 들여온 콩과 옥수수를 간장, 식용유로 가공하고 남은 찌꺼기를 사료로 이용하는 행태를 기업에서 하고 있다. 이는 상품 가격과 '유전자조작식품 표시제'의 허점 때문이다.

2001년, 유전자조작식품이 우리에게 깊숙이 들어와 있다는 것을 안 시민단체들이 정부에 이를 알고 선택할 수 있는 권리가 있다는 것을 요구하여 유전자조작식품 표시제가 만들어졌다. 하지만 이 표시제는 맹점을 가지고 있다. 사용한 원료를 알 수 있도록 전체 품목에 대해 표시제를 시행한 것이 아니라 유전자조작된 DNA가 남는 제품에 대해서만 시행토록 해 식용유, 간장, 전분당 등은 표시제에서 면제된 것이다. 실제로 서울환경연합이 2006년부터 유전자조작된 원료를 사용할 가능성이 있는 품목에 대해 조사하여 해당 기업에 원료 자료를 요청한 결과, 표시제가 시행되고 있는 두부, 된장, 쌈장, 고추장 등은 100% 비유전자조작 원료로 만들어지고 있었다. 하지만 콩으로 만든 식용유는 100%, 옥수수유와 간장은 일부 제품을 제외하고는 대부분 유전자조작 원료를 사용하고 있었다.

이는 바로 소비자가 유전자조작된 원료로 만든 제품을 원하고 있지 않다는 것을 기업에서 반영한 이중적인 행동이다. 정부에서 안전성을 인정한 유전자변형 콩으로 만든 두부가 싼 가격으로 판매되고 있다면 이를 구입해서 아이에게 먹일 수 있을까? 자신의 아이에게 유전자조작된 두유나 이유식을 먹일 수 있을까? 내 아이를 위해서라도 사회에서 안전성이 검증되고 합의되지 않은 유전자조작 원료에 대해 강력히 거부해야 할 의무가 있다.

엄마들의 적극적인 노력이 있어야만 아이들에게 안전한 먹을거리를 줄 수 있고 바른 식생활문화도 만들어갈 수 있다. 조금 번거롭더라도 원산지와 식품성분 등을 꼼꼼히 따져보는 수고를 아끼지 말아야 할 때다.

토종 종자가 우리 몸에 좋다

식품첨가물의 피해를 줄이고 유전자변형식품을 먹지 않는 가장 좋은 방법은 우리 땅에서 자란 자연 농산물을 먹는 것이다. 옛날에는 당연했던 일들이 현대사회에 와서는 주부들의 부단한 노력을 필요로 하는 일이 되었다.

가족들을 유해한 식품으로부터 지키는 방법은 그리 단순하지 않다. 기후 변화로 인한 작물 생장 환경의 변화, 주요 작물의 집중 재배에 따른 생물종 다양성 상실, 거대 초국적 농식품기업의 GMO 종자 개발 및 독점, 이로 인한 식량 주권 상실 등 여러 문제들이 가속화되고 있는 실정에서는 더욱 그렇다.

우리 땅에서 씨앗을 받아 심고 키우는 일을 해오던 농민들의 권리는 사라졌고, 먹을거리는 산업화되어 생산자와 소비자의 거리도 멀어졌다. 이는 결국 소비자를 건강한 먹을거리로부터 소외시켜 생산자와 먹을거리에 대한 관심과 신뢰를 잃게 만들고 있다.

이러한 상황을 극복하기 위해 지금 전 세계적으로 '먹을거리 주권 지키기' 운동이 활발하게 일어나고 있다. 우리나라의 경우에는 '토종 종자 지키기'를 실천하자는 운동이 진행 중이다. 지금 이대로 간다면 우리의 할머니 세대가 끝날 즈음이면 자가 채종기술이나 토종 종자 재배방법은 이 땅에서 사라지고 말 것이다. 우리나라 사람에게는 우리 땅에서 나고 자란 토종 종자가 가장 잘 맞는다. 또한 다른 어떤 종보다 토종 종자가 우리 땅에서 잘 자랄 수 있으며 믿고 선택하고 안심하고 먹을 수 있다. 토종 종자로 만든 다양한 먹을거리는 우리나라 고유의 식문화에 바탕이기도 하다.

이러한 토종 종자 지키기 운동은 무엇보다 많은 사람들이 토종 종자로 키운 작물에 관심을 가지고 구매하는 실천이 중요하다. 이를 통해 생산자인 농민은 토종 종자를 심고 가꿀 수 있는 힘과 격려를 얻고, 필요한 기금도 마련

할 수 있다. 농민들은 이러한 시민들의 호응과 후원에 힘입어 사라져가는 토
종 종자를 땅에 심어 가꾸고 증식시켜 복원하는 일들을 진행해오고 있다. 토
종 종자를 지켜내는 일은 단순히 농민의 일이 아닌, 유전자조작식품과 초국
적 기업의 먹을거리로부터 우리 농산물과 내 가족의 건강을 지키는 일이다.

GMO를 피하는 생활수칙

- 수입 식품은 되도록 먹지 않는다. 특히 GMO의 주요 재배국인 미국, 캐
  나다에서 수입된 콩과 옥수수, 카놀라 등은 피한다.
- 식용유나 간장을 구매할 때는 더욱 꼼꼼히 살펴본다. 식용유나 간장
  은 콩을 가공한 식품이지만 GMO 표시 대상에서 면제되어 있기 때문
  에 대부분 GMO 식품이 섞여 있는 상태로 수입, 사용되고 있다. 이처럼
  GMO 표시 대상에서 면제된 제품을 선택할 때는 더욱 신중을 기해야
  한다.
- GMO 혼입구분표(서울환경연합 www.ecoseoul.or.kr)를 참고하여 비유
  전자조작된 일반 농산물이 사용된 제품을 선택하자.
- 우리 농산물을 이용한다. 아직 우리나라는 유전자조작농산물의 상업적
  재배가 금지되어 있다. 우리 농산물을 이용하면 유전자조작된 농산물
  을 피할 수 있다.

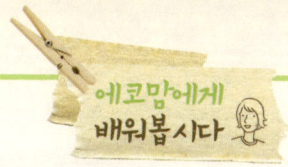

유전자조작표시제도란?

　우리나라에서는 유전자조작 농산물에 대해 2001년 3월부터, 유전자조작식품에 대해서는 2001년 7월부터 표시제를 시행해왔습니다. 표시제 도입 초기에는 콩, 콩나물, 옥수수와 이를 이용해서 만든 가공식품 27개 품목에 대해 표시하도록 했습니다. 하지만 초기 표시제에는 몇 가지 표시예외 대상이 있었습니다. 식용유, 간장, 전분당(포도당, 과당 등) 같이 국민 다소비 품목이지만 DNA 검출이 어려운 제품군과 가공식품 원료함량 비율 5순위 이하로 쓰인 경우에는 GMO 원료 사용 표시를 하지 않도록 했습니다.

　그러나 표시예외조항 개정에 대한 요구가 커지자 정부는 2008년 원료함유 비율에 상관없이 전 성분의 GMO 여부를 표시하고 간장, 식용유, 전분당 등 전 제품에 표시하도록 표시제를 개정하여 입법예고를 하였습니다. 또한 농산물과 식품 원료가 수입되었을 때 GMO 표시 여부를 결정하는 기준이 되는 비의도적 혼입허용치를 기존 3%에서 1% 수준으로 강화하는 방안도 논의 중입니다.

GMO의 인체 위해성 논란에 관한 보도

유전자조작식품 GMO가 우리 몸에 어떤 영향을 미치는지에 대한 직접 · 간접적인 발표를 보면 무심코 먹게 되는 음식들이 얼마나 위험한지 알 수 있다. 특히 아이들의 성장 · 발달을 저해하는 결과를 가져오는 식품임을 인지하고 세심하게 살펴야 하겠다.

1998. 8. 영국 로웨트 연구소
푸스타이박사의 주도로 유전자변형 감자를 먹인 쥐 실험에서 쥐의 면역 체계와 질병 저항력이 크게 떨어졌다.

1999. 5. 영국의료연합(BMA)
유전자조작식품의 항생제 내성 유전자가 인체 내 항생제 내성을 키움으로써 건강상의 위협이 되고 있다.

2000. 10. 영국 The Advisory Committee on Animal Feeding Stuffs
GMO 작물의 유전자가 그것을 먹은 동물의 몸속에 전이될 가능성이 있다.

2000. 11. 아벤티스 연구 결과
GMO 옥수수를 먹인 닭들이 보통 옥수수를 먹인 닭들보다 2배나 많이 죽었다.

2002. 2. 영국 The Wellcome/CRC Institute in Cambridge
어린아이들이 GMO 식품을 먹는 것은 어른이 먹는 것보다 훨씬 더 위험하다.

2002. 7. 영국 뉴캐슬대학 연구팀
유전자조작농산물을 장의 일부를 절개한 사람 7명에게 먹인 결과, 3명의 장내 박테리아에서 살충성 유전자가 검출됐다.

2003. 7. 미국 위스콘신 주립대
GMO 작물은 쉽게 유전자가 퍼져나가며 야생식물의 생존을 위협한다. GMO 작물은 위험성을 가지며 야생개체군을 10~20세대 내에 없앨 수 있다.

2003. 7. 그린피스
북부 이탈리아에 사는 농부들이 사다 심은 전통 옥수수 종자가 유전자 변형 옥수수로 인해 오염됐다.

2003. 7. 미국
미국에서 스타링크가 중지된 지 거의 3년쯤 됐지만 제분업자들이 선적하는 과정에서 여전히 GMO 옥수수가 발견됐다. 제분협회 관계자는 "GMO 옥수수를 매주, 혹은 매일 발견한다."고 발표했다.

2003. 10. 영국
GMO 작물이 있는 들판에서 모은 생물체의 수는 보통 작물이 심어진 곳에서 모은 생물체의 개수보다 적었으며, 이것으로 보아 GMO 작물에 사용한 제초제가 농장에 있는 야생동물에 해를 끼친다.

2004. 2. 필리핀
노르웨이 유전자환경연구소의 테리에 트라빅 박사가 필리핀 민다나오섬에서 재배되고 있는 GM 옥수수에 대한 조사분석 결과를 발표했다. GMO 옥수수 재배지 인근에서 발열, 호흡기 질환, 피부 장애 등을 겪고 있는 39명의 농민이 촌락을 벗어나면 병증에서 회복됐으나 촌락으로 돌아오면 질병이 재발했다. 이들에게서 세 종류의 항체에 이상증식이 발견됐으며 반응 증세가 화분이 날리는 시기와 겹치고, 이 항체는 GMO 옥수수의 Bt 성분과 관련된 것으로 분석됐다.

2005. 호주
살충성 단백질 유전자를 포함한 GMO 완두콩이 개발됐다. 이 유전자는 생콩 및 조리 시에 살충 능력이 발휘되는 동시에 알레르기 유발 성분으로 변하는 것이 확인됐다.

2005. 4. 그린피스
중국산 쌀 속에 GMO 쌀이 섞여 있음을 발견했다.

2005. 5. 미국 몬산토
몬산토사에서 2002년에 실시한 쥐 실험 결과, 유전자변형 옥수수를 먹인 쥐들의 콩팥 크기가 먹지 않은 쥐들에 비해 작았고 혈액 성분 변이가 일어났다.

2005. 10. 러시아
생리학자 이리나 에르마코바가 GMO 식품이 차세대에 미치는 영향에 관한 동물실험 결과, 미국 몬산토사의 GMO 콩 분말을 먹인 쥐에서 태어난 쥐 45마리 중 25마리가 사산됐다. 출산된 쥐의 36%는 몸무게가 20g 이하의 매우 허약한 상태였으며, 성장 속도도 일반 콩을 먹인 쥐의 50% 정도로 둔화됐다.

외식을 피해야 몸이 건강하다

바빠서, 힘들고 귀찮아서, 혹은 집에서는 접하기 어려운 별미를 맛보고 싶어서 우리는 종종 외식을 한다. 하지만 우리의 외식 빈도는 필요 이상 너무 많다. 식사를 거르기 일쑤인 바쁜 직장인들은 외식이 곧 밥이다. 하지만 옛 어른들의 말처럼 '엄마 밥'을 먹어야 피가 되고 살이 된다. 아무리 잘 먹는다 하더라도 외식은 영양가나 안전 면에서 늘 불안할 수밖에 없다. 하루를 보내기 위해 식당 음식으로 적당히 식사를 해결하거나 나름대로 이것저것 골랐다 해도 그저 주어진 반찬에 밥을 먹어야 한다. 음식의 원료에 무엇이 들어갔는지, 무엇을 가미하였는지, 물어보거나 요구하는 것도 왠지 서로를 불편하게 만드는 일인 것 같아 피하게 된다. 우리는 내 입으로 들어가는 음식이 어디에서 왔고 어떻게 만들어진 것인지도 모르는 채 그저 한 끼를 때우기 위해 집이 아닌 거리의 식당에서, 혹은 이름난 식당에서 모처럼의 별미라며 음식을 먹고 있다.

사실 마트나 어디에 장을 보러 가도, 이 음식들이 어디에서 왔는지 곰곰이 생각해보지 않는다. 어떤 과정을 거쳐서 내 입 안으로 들어오는지 궁금해하는 게 오히려 이상할 정도다.

이렇게 현대인들은 먹을거리와 철저히 소외된 채 살아가고 있다.

외식 메뉴는 대부분 인공 조미료 덩어리다

많은 식당들이 "우리 식당은 화학조미료를 사용하지 않습니다."라거나 "우리 식당은 MSG를 사용하지 않습니다."라고 내걸고 있지만, 아직도 많은 사람들은 식사 후 속이 더부룩하거나 갈증이 나는 등 몸으로 인공 조미료를 느끼고 있다. 하지만 식당 주인은 거꾸로 손님들이 이 맛을 좋아하기 때문에 어쩔 수 없이 인공 조미료를 사용하고 있다고 말한다.

실제로 서울환경연합에서 외식업체를 대상으로 인공 조미료를 어느 정도 사용하고 있는지, 왜 사용하고 있는지 조사한 내용을 잠깐 살펴보자.

우선 서울 지역의 외식업체 중 93.3%는 인공 조미료를 사용하고 있었다. 즉, 대부분의 외식업체가 천연 재료만 이용하지 않고 인공 조미료를 사용하고 있다는 것이다. 세부적으로 살펴보면, 발효 조미료로 조미료의 대표인 미원을 사용하는 경우보다는 여기에 천연 조미료라고 오인하고 있는 다시다나 맛나 등 복합 조미료를 섞어서 사용하는 경우가 많았다.

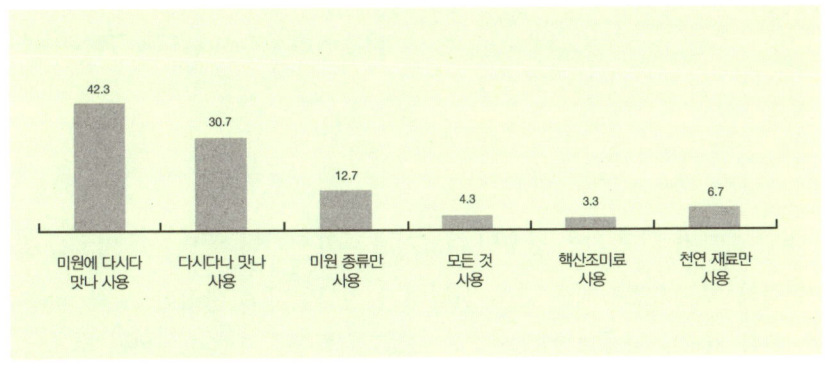

그렇다면 이런 인공 조미료는 왜 사용하고 있을까? 가장 많은 이유는 맛을 쉽게 낼 수 있기 때문이다. 인공 조미료는 우리 가정뿐 아니라 식당의 음식까지 패스트푸드로 만들고 있었다. 물론 비싼 천연 재료만으로는 가격에 맞는 맛을 낼 수 없다는 이유도 있었지만, 인공 조미료를 이용하는 가장 큰 이유는 경제보다는 '맛' 때문이었다.

반면, 외식업체 중 6.7%는 건강을 생각하는 소비자의 인식을 고려해 천연 재료로만 맛을 내고 있었다. 전반적으로 앞으로는 음식점에서 조미료 사용을 줄이고 천연 재료로 맛을 내야 한다는 의견이 많았다. 이는 소비자가 외식업체의 음식에도 관심을 가지고 안전한 먹을거리를 제공하는 식당을 이용할수록 건강한 음식점을 많이 만들어 낼 수 있다는 것을 의미한다.

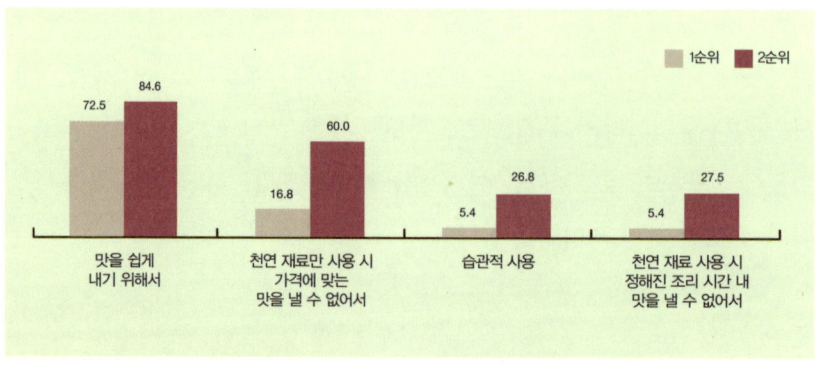

양심적인 식재료를 만나기 어렵다

최근 문제가 되고 있는 광우병 쇠고기가 대표적이다. 국민들의 마음을 잡기 위해 원산지표시제를 전체 식당에서 시행한다고 하지만, 이력추적제도 등의 기반도 제대로 갖추어지지 않은 상태에서 서둘러 시작한 이 제도가 제대로 자리 잡기 위해서는 아직 더 많은 시간이 필요하다. 또 원산지를 잘못 표기한 경우, 유전자 검사 등을 통해 한우와 비한우는 구분할 수 있지만 어느 나라의 것인지는 알지 못하는 한계를 가지고 있다. 이는 결국 이력 추적제처럼 어디에서 들어와 어떻게 유통되고 있는지 제대로 살필 수 있는 제도가 없으면 아무리 유전자 검사를 해도 알 수 없다는 것이다. 게다가 많은 양이 수입되어 유통되고 있는 질 낮은 중국산 농산물의 문제, 무조건 값싼 원료를 쓰고 보자는 식의 근본적인 양심 문제, 아이들의 학교 급식, 병원이나 군내에서의 급식 문제 등은 결국 우리가 먹는 문제에 관심을 기울일 때에만 해결할 수 있다. 우리 엄마 한 명 한 명이 감시단이다 생각하고 원료에 대해 궁금해하고, 표기를 주의 깊게 확인하는 등 관심을 기울이는 방법이 정부 정책에 앞선 최고의 해결책이다.

우리는 광고에 현혹되고 있다

아이들에게 무분별하게 노출되는 광고를 생각해보았는가? 매스미디어의 위력은 먹을거리에서도 대단하다. 마치 몸에 좋은 것들로 만들어졌다고 생각하게 하거나, 아이들이 좋아하는 캐릭터를 이용하거나, 아이들이 좋아하는 연예인을 내세우는 등 먹을거리 광고는 끊임없이 다각도로 우리 아이들을 유혹하고 있다.

한 환경단체에서는 매년 어린이를 대상으로 한 광고에 대해 문제를 제기하고 있다. 특히 패스트푸드 광고에 대해 "아이들은 광고를 있는 그대로 믿어버린다. 패스트푸드는 정크푸드임에도 불구하고 광고에서는 마치 영양이 많은 음식으로 묘사되고 있다. 그리고 장난감 등을 미끼로 끼워 팔아 아이들을 유혹한다. 광고는 결국 소비를 부추긴다."라며 문제를 제기했다.

로컬푸드, 이것이 해답이다

이렇게 우리 입맛을 조작하고 건강을 해치는 나쁜 음식들을 피하려면 어떻게 해야 할까? 우선 좋은 곳에서 난 좋은 재료로 만들어진 음식을 먹어야 한다. 바다가 오염되면 수산물이 오염되고, 농약과 각종 오염으로 땅이 오염되면 농산물이 오염된다. 자연은 모두 하나로 이어져 있고 결국 환경오염은 우리에게 되돌아온다는 당연한 이야기가 먹을거리를 이야기할 때 더욱 분명해진다. 어릴 적 배운 먹이사슬을 생각해보자. 결국 우리 환경이 건강해야만 우리 건강을 지킬 수 있다. 그렇기에 우리가 '어떤 식재료를 선택하느냐' 하는 것은 몸의 건강과 직결되는 문제인 것은 물론, 우리 '환경을 어떻게 만드느냐'와도 밀접한 관계가 있다. 우리가 건강하게 생산된 식재료를 구매하면 그것을 생산한 사람은 힘을 얻게 되고 이는 좋은 재료를 널리 확대하는 효과를 가져온다. 바로 우리 사회에 에코맘이 꼭 있어야 하는 이유이다.

좋은 재료란 무엇일까?

- 농약과 화학비료가 가능한 적게 사용된 친환경 농산물
- 자연 생육기간에 따라 자라고 수확된 제철 식품
- 되도록 정제하지 않고 도정하지 않은 식품
- 조작되거나 가공되지 않은 원료

좋은 음식이란 무엇일까?

- 육류보다는 생선이나 채소 요리
- 콩, 견과류, 씨앗류로 요리한 음식
- 통곡식, 자연음식
- 첨가물이나 소스를 사용하지 않은 간단한 조리법을 이용한 음식
- 찌고, 삶고, 데친 것(단, 오븐이나 전자레인지 사용은 자제하는 것이 좋다)

결국 좋은 음식은 정제하지 않은 먹을거리, 조작하지 않은 먹을거리, 가공하지 않은 먹을거리를 되도록 간단히 조리해 먹는 것이다.

가까운 거리에서 생산된 것을 먹자

요즘 먹을거리에 대한 최고의 이슈 중 하나는 로컬푸드(local food)다. 현재 살고 있는 지역과 가까운 거리에서 생산된 먹을거리를 먹자는 로컬푸드 운동은 신선한 농산물을 먹을 수 있고, 유통 과정이 짧기 때문에 보존에 필요한 농약이나 방부제를 줄일 수 있는 등 여러 가지 장점이 있다. 안심하고 먹을 수 있는 식품이라는 점 외에도 먼 거리를 이동해온 것이 아니어서 에

너지가 절약되고 더불어 온실가스 발생을 줄일 수 있다고 하니 가까운 곳에서 생산된 지역 농산물을 이용하는 것은 건강과 환경 모두에 유익한 일이다.

예를 들어, 같은 키위라도 뉴질랜드산 골드 키위 2kg은 10,007km를 이동하는 동안 773g의 온실가스를 배출하는 반면, 제주산 참다래는 거리 481km를 이동하며 47g의 온실가스를 배출한다.

최근 신문이나 잡지 등의 기사에서 '푸드마일리지'라는 용어를 자주 접했을 것이다. 푸드마일리지란 생산지와 소비자의 거리에 그 식품의 중량을 곱한 것으로, 수치가 높을수록 온실가스를 많이 발생시킨다고 보면 된다. 앞서 말한 키위를 예로 푸드마일리지를 계산해보면 뉴질랜드산 키위가 20.14tkm, 제주산 참다래가 0.96tkm로 먼 나라에서 생산된 뉴질랜드산 키위가 참다래보다 무려 20배 이상 수치가 높은 것을 알 수 있다.

최근 정부는 '탄소라벨링 제도'를 도입하여 가공식품을 생산하는 데 발생하는 온실가스에 대해 표시를 하도록 했다. 식품에 부착된 라벨에서 성분이나 유통기한뿐 아니라 탄소라벨링까지 확인하여 탄소 발생이 적은 식품을 선택하는 것도 잊지 말아야 하겠다.

푸드 마일리지(tkm) 계산법 : 거리(km)×중량(t)

온실가스 배출량 계산법 : 거리(km)×중량(t)×수송수단별 이산화탄소 배출 계수

이렇게 생산지까지 따져가며 우리 밥상에 오를 농산물을 골라야 하는 것이 번거롭게 느껴질 수도 있다. 그러나 이는 인공식품을 피해 자연에서 나는 제철 식품으로 가족에게 건강한 먹을거리를 제공해야 하는, 엄마의 중요한 역할이다. 더구나 작은 실천으로 환경 보호까지 할 수 있으니 누구나 이 시대의 에코맘이 될 수 있다.

어릴적 식습관이 평생을 좌우한다

로컬푸드를 먹고 첨가물 없는 음식을 가려내는 일 외에 엄마의 중요한 역할은 아이들에게 좋은 식습관을 길러주는 것이다. 요즘 아이들은 어릴 적부터 어린이집, 각종 학원 등에서 간식과 식사를 하고, 학교에 들어가면 급식을 하고, 조금 더 자라면 스스로 군것질을 하거나 먹을거리를 선택해서 먹는다. '아무리 집에서 잘 한다고 해도 밖에 나가면 헛일이 되는데 애써 좋은 음식, 나쁜 음식 가려 먹일 필요가 있을까?' 생각할 수도 있다. 하지만 어릴 적에 형성된 좋은 식습관은 평생을 간다. 처음부터 되도록 분유보다는 모유를, 시판 이유식보다는 집에서 자연의 맛을 직접 느낄 수 있게 이유식을 만들어 먹이면 자연히 단맛에 덜 길들여지게 되고 음식 고유의 맛에 익숙해진다. 그렇게 자란 아이들은 건강하게 발육할 수 있으며 나중에 커서 사회에 나가 활동하더라도 나쁜 음식의 자극적인 맛에 쉽게 길들여지지 않는다.

또 아이가 밖에서 먹는 많은 것들에 대해 엄마가 함께 대처해나가야 한다. 학부모가 모여 급식을 바꾸고 나쁜 음식을 판매하는 곳이 있으면 직접 이야기를 전하는 등 엄마들의 적극적인 행동이 우리 아이를 사회에서도 건강하게 키울 수 있다.

나쁜 식품을 만들어 파는 기업에 전화를 걸어 "우리는 이런 음식을 먹고 싶지 않습니다." 라고 말할 수 있는 용기, 잘못된 원료로 만들어진 식품을 사먹지 않음으로써 사회적 소비를 줄여 그 음식이 사라지도록 하는 행동 하나하나가 바로 우리 사회의 먹을거리를 건강하게 만드는 방법이다.

최근 과자나 사탕을 사러 가면 "무MSG, 무색소, 무방부제"라는 광고를 많이 봤을 것이다. 이러한 제품이 나오게 된 것도 그러한 원료를 사용하는 것이 합법적이냐 그렇지 않느냐를 떠나 바로 소비자들이 첨가물이 들어간 식품을 거부하기 때문이다.

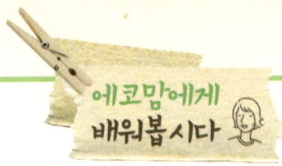

친환경농산물이란?

　친환경농산물은 3단계로 나뉘어져 있습니다. 유기농 농산물이 가장 안전하겠지만 유기농 농산물을 구할 수 없는 경우에는 무농약, 저농약 농산물을 고르려는 노력이 필요하겠지요?

저농약 : 화학비료 권장 시비량의 2분의 1 이내, 농약 살포 횟수는 농약 안전사용기준의 2분의 1 이하로 사용하여 생산한다.

무농약 : 유기합성농약을 일체 사용하지 않고, 화학비료는 권장 시비량의 3분의 1 이내로 사용하여 생산한다.

유기농 : 유기합성농약과 화학비료를 일체 사용하지 않고 재배한다. 다년생 작물은 3년, 그 외 작물은 2년의 전환 기간을 거쳐 생산된 농산물을 말한다.

 무농약 농산물　　　　 유기농산물

안심하고 장을 볼 수 있는 곳

두레생협 www.dure.coop　　　　아이쿱 www.icoop.or.kr
한살림 www.hansalim.co.kr　　　에코생협 www.ecocoop.or.kr
무공이네 www.mugonghae.com

아날로그 밥상 문화로 돌아가라

⋮ 외식을 줄이고 건강한 식생활 문화를 정착시키기
위해 가장 먼저 할 일은 바로 가족이 함께 밥을 먹는 '밥상 문화의 회복'이
다. 예전의 우리는 찬은 적었지만 식구가 모두 밥상에 둘러앉아 이런저런
이야기꽃을 피우며 서로의 마음을 넘나들며 웃을 수 있었다. '식구'라는 말
도 '함께 밥을 먹는 사람들'이라는 뜻이다. 물질문명이 더욱 발전하고 풍부
해진 지금 가족 구성원은 줄어들고 함께 밥상에 둘러앉아 두런두런 이야
기 나누며 함께할 수 있는 시간도 함께 줄어들었다. 부모는 부모대로, 아이
들은 아이들대로 경제적 이유와 학업 때문에 힘겹게 밖에서 보내는 시간이
길어지면서 함께 밥 먹는 시간이 따라서 줄어든 것이다. 더불어 가족들과의
관계도 점점 소원해지고 있다. 이런 생활은 개개인이 사회 속에서 외로움과
소외를 느끼게 하며 서로의 갈등을 나누지 못하고 마음에 묻은 채 적당히
삭히며 때로는 분노하며 생활하게 만든다.
　점차 강도가 높아지는 청소년들의 폭력 문제 또한 이런 현실에서 비롯된
다는 지적이 점차 사회적 공감을 얻고 있다. 『식원성증후군』의 저자 오사와
히로시는 청소년의 몸과 마음을 병들게 하는 원인으로 첨가물과 당이 많

87

은 가공식품의 유해성을 들고 있으며, 함께 밥 먹는 가족의 문화가 없어지는 것을 현대의 또 다른 재앙이라고 말한다. 오사와 히로시는 직접 청소년 심리 상담을 통해 연구한 사례를 들어 가공식품에 대한 경각심을 일깨우고 있다. 이렇듯 함께 밥 먹는 문화의 중요함을 말하는 사례들은 많다.

　이러한 식생활은 비단 패스트푸드나 가공식품에 탐닉하는 청소년만의 문제가 아니다. 혼자 생활하는 젊은 사람들, 아이와 부인을 외국으로 보낸 기러기 아빠, 아이와 남편을 보내놓고 주로 혼자 밥을 먹으며 지내는 주부도 해당된다. 혼자 밥 먹는 사람들은 대부분 심각한 영양 부족과 불균형 상태에 놓여 있다고 한다. 또한 나트륨 섭취 과다, 비타민 부족과 함께 폭식의 위험이 있는 것으로 나타났다.

폭력을 휘두르는 어느 중학생의 식생활

　나는 어느 중학교 교사에게 학교 폭력이 난무하는 배후에는 불균형한 식생활이 있을 것이라는 가설을 전해주었다. 그러자 그 교사는 내게 자신이 가르치는 어느 학생의 행동과 식생활에 대해서 자세히 말해주었다. 그 학생은 교내 설비를 자주 부수고 교사나 학생에게 폭력을 휘두르는 3학년 남학생으로, 단것을 좋아하고 청량음료를 매일 1리터씩 마신다. 또한 인스턴트 라면, 햄, 소시지, 고기를 자주 먹는 것에 반해 채소는 거의 먹지 않는다. 체중은 59킬로그램으로 계단을 오를 때 어깨를 들썩이며 가쁘게 숨을 몰아쉰다. 어머니는 안 계시고 아버지는 식당을 경영하고 있다.

－「식원성증후군」 중 일부 발췌 －

자기 혼자 먹기 위해 성찬을 차리는 것은 쉽지 않다. 혼자 밥 먹는 사람들과 이래저래 밖에서 많은 시간을 보내면서 잘못된 식습관에 길들여진 우리 아이들이 건강할 수 없는 것도 어찌 보면 당연한 일이다. 주부도 예외가 아니다. 아침에 정신없이 남편과 아이를 보내고 나면 한숨 돌리며 커피 한 잔 마시고, 점심은 혼자 차려 먹기 싫어 친구 만나 대충 먹고, 저녁은 가족과 함께 먹기 위해 작은 성찬을 차리는 우리의 엄마들도 결국 자신의 건강을 돌보고 있지 못한 상황이다.

이 모든 어려움을 한꺼번에 극복할 수 있는 방법이 바로 가족이 함께 밥 먹는 시간을 늘리는 것이다. 주부들의 일감을 늘리라는 것이 아니다. 거창한 식사를 차리라는 것도 아니다. 저녁이건 아침이건 일주일에 단 하루라도 모두 모여 함께 먹어보자는 얘기다. 소박하지만 건강한 식탁을 차리기 위해 함께 장을 보고 만들고 준비해보자는 것이다. 같이 준비한 밥상에 둘러앉아 맛있는 음식을 먹다 보면 자연스럽게 이야기가 오가게 되고, 화목해지며, 가족의 건강이 되살아난다. 예전처럼 아날로그적인 식탁 문화를 만드는 것이 가족의 건강을 위해 엄마가 나서서 실천해야 할 첫 번째 과제인지도 모른다.

참고문헌
『식원성증후군』(오사와 히로시/국일미디어)
〈한겨레 21〉(2005. 10. 05일자)

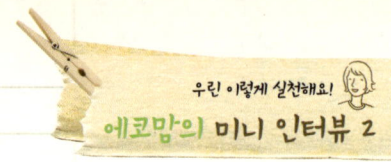

장아찌를 담고 우리 음식을 먹어요

요즘 엄마들의 가장 큰 고민은 어떻게 하면 아이들에게 인스턴트식품이나 인공 조미료가 들어가지 않은 음식을 먹일까 하는 것이지요. 손이 덜 가고 간편한 것, 누가 싫어하겠어요? 하지만 편하게 먹을 수 있는 것들은 대부분 인공적인 재료나 조리법을 이용한 것이어서 안심하고 먹을 수가 없으니 점점 다시 옛것으로 돌아가 자연 재료, 제철 음식 등을 찾게 되는 것이죠.

우선 햄버거 같은 패스트푸드나 밖에서 사먹는 음식에 길들여진 아이의 입맛을 바꾸는 것이 관건이더군요. 한국인의 주식인 밥은 포도당을 공급해 뇌의 활동을 활발하게 하기 때문에 공부하는 아이들에게는 필수 영양소예요. 단, 흰 쌀밥을 피해 현미잡곡밥을 먹는 습관을 들였어요. 밥을 주식으로 상을 차리다 보면 매끼마다 국과 반찬이 번거로운 고민거리지만, 이것저것 많이 하려고 하지 말고 간소하면서 영양은 고루 들어간 밥상을 준비하는 것이 중요합니다. 우리집 상에 자주 오르는 인기 메뉴는 우거지된장국과 연근조림, 오이나 양파장아찌와 장조림이에요. 아이들 간식으로는 찐 고구마와 단호박, 땅콩 삶은 것이 아주 좋아요. 갓 따온 땅콩을 삶아서 먹으면 얼마나 고소하고 맛있는지 모른답니다.

우리집 건강 밥상의 비결이라면, 바로 장아찌예요. 제철에 난 오이나 양파와 같이 값이 저렴하고 신선한 채소를 사다가 간장과 식초에 절여 장아찌로 담가두면 오래오래 밑반찬으로 활용할 수 있어 편리함까지 더한 자연식 반찬이 된답니다. 여기에 매실과 오미자 액기스를 만들어 병에 넣고 냉장고에 두면 설탕이나 맛술, 간장 등의 조미료 대신 요리의 맛을 낼 수 있어 이게 바로 천연 조미료 역할을 하지요.

집밥이 처음에는 번거롭겠지만 시간과 수고를 줄여주는 방법도 많이 있어요. 저는 밤마다 다시마를 찬물에 담가두고 잡니다. 아침에 일어나 이 국물에 멸치만 더 넣고 한 번 끓여내서 국물로 사용하면 바쁜 아침 상차림에 큰 도움이 됩니다. 다시마국물을 사용하면 별도의 인공 조미료 없이도 맛있는 국이 완성되지요.

이렇게 제철에 난 자연 식재료를 환경과 몸에 해롭지 않은 조리법으로 만든 엄마표 집밥은 각종 환경호르몬이나 화학조미료로부터 아이들을 지켜주는 보약입니다.

_에코맘 고용남

3:

건강은 우리집 밥상에서 시작된다.

green basket

집밥만큼 안전한 음식은 없다

앞서 강조했듯이, 내 아이가 안심하고 먹을 수 있는 최고의 음식은 엄마가 만든 집밥이다. 오염되지 않은 재료를 골라 안전한 조리법으로 요리해 바로 먹일 수 있으니 이것이 친환경 밥상이 아니겠는가.

집에서 엄마가 만든 음식을 먹는 것은 원래 당연한 일이지만 바쁘다는 핑계로 집에서 식사하는 경우가 드물어진 요즘은 매일 집밥을 먹는 것이 쉽지 않다. 그런데 주부들이 변하기 시작했다. 남용되는 식품첨가물과 믿을 수 없는 식품제조업체들에 맞서 밖에서 사 먹는 음식이나 인스턴트식품으로부터 등을 돌린 것이다. 각종 유해물질의 위협으로부터 가족의 건강을 지키기 위한 엄마들의 의지다.

이유야 어찌됐든 주부들이 친환경 밥상에 관심을 가지고 유용한 정보를 공유한다는 것은 반가운 일이다. 정성 가득한 엄마의 요리는 가공식품에 길들여진 식습관을 개선시키고 나쁜 먹을거리로부터 아이를 지켜준다.

물론 아침저녁으로 밥을 차리려면 손이 많이 간다. 매일같이 메뉴를 고민해야 하는 주부들의 수고도 보통 일이 아니다. 하지만 집에서 먹는 밥의 장점들을 곰곰이 생각해보면 몸에 좋은 음식은 오히려 단순한 원리만 지키면 만들 수 있다는 것을 알 수 있다.

우선, 조작되지 않은 자연 그대로의 재료를 사용해야 한다. MSG와 방부제를 피하고 비만을 예방할 수 있는 가장 중요한 방법이다. 그러기 위해서는 자연히 제철에 난 음식이나 보관과 이동 기간이 길지 않은, 근거리 식품을 찾는 것이 좋다. 또 한국인의 입에는 한국 음식이 제격이듯이 전통 조리법을 지켜 담백한 음식을 만드는 것도 중요하다. 이렇게 정겹고 소박한 밥상을 차리다 보면 무엇을 먹을까 하는 고민도 자연히 해결된다.

이 장에서는 영양을 고루 갖춘 친환경 한식 메뉴들을 소개한다.

식탁 위에 건강 밥상을 차릴 준비가 되었다면 다음의 사항들을 염두에 두고 요리를 만들어보자. 좋은 재료와 조리법을 선택하고 더불어 환경에도 피해를 주지 않는 친환경 요리 수칙이다.

✔ 꼭 필요한 양만큼만 장을 봐서 음식물쓰레기가 남지 않도록 한다.

✔ 식품성분표시를 꼼꼼히 살펴보고 구입한다.

✔ 햄이나 냉동식품, 반조리식품은 피하고 신선한 제철 채소 위주로 고른다.

✔ 되도록 이동 거리가 길지 않은 로컬푸드를 먹는다.

✔ 고기 요리를 할 때는 되도록 굽지 말고 삶는다.

✔ 집에서 만든 친연 조미료를 사용한다.

✔ 나트륨 덩어리인 가공표백소금 대신 천연 소금을 사용한다.

✔ 볶음이나 튀김과 같은 요리에는 식물성 기름을 사용한다.

✔ 설거지를 할 때는 천연 성분 세제나 EM활성액을 사용하고, 기름기가 남아 있는 그릇은 물로 씻기 전에 반드시 헌 신문지나 종이, 사용하고 남은 밀가루로 닦아낸다.

제철 재료로 맛낸 국과 반찬

가공식품에 들어 있는 각종 방부제나 색소, 조미료에 들어 있는 인공 첨가물 등의 피해를 줄이는 방법은 자연 식재료로 요리하는 것이다. 특히 제철에 나는 채소와 생선, 해물 위주의 '슬로푸드' 밥상은 영양 면에서 훌륭할 뿐 아니라 가공식품의 위험으로부터 가족을 안전하게 지켜준다.

버섯볶음

마른 표고버섯 50g, 미니 새송이버섯 100g, 마른 고추 1/4개, 청양고추 1/2개, 참기름 · 소금 · 설탕 · 통깨 조금씩
양념 : 조청 2큰술, 간장 1큰술, 다진 마늘 1/2작은술

이렇게 만들어요

1 표고버섯은 따뜻한 물에 설탕을 조금 넣고 불린다.

2 불린 표고버섯은 기둥을 떼어내고 얇게 슬라이스한다.

3 청양고추와 마른 고추는 채 썬다.

4 미니 새송이버섯은 소금을 조금 넣어 살짝 데친다.

5 냄비에 양념장 재료를 모두 넣고 끓이다 끓어오르면 표고버섯과 미니 새송이 버섯을 넣어 볶듯이 익힌다.

6 양념이 버섯에 충분히 배이면 채 썰어둔 고추를 넣고 참기름으로 마무리한 다음 통깨를 뿌려 완성한다.

알감자조림

알감자 500g, 통깨 조금
양념 : 간장 4큰술, 조청 · 청주 1/4컵씩, 물 1컵, 식용유 1큰술, 다진 마늘 · 생강즙 1/2큰술씩,
　　　후춧가루 · 소금 조금씩

이렇게 만들어요

1 알감자는 깨끗이 씻어서 물기를 빼고 끓는 물에 소금을 넣고 삶아 건져낸다.

2 냄비에 알감자와 모든 양념 재료를 함께 넣고 센불에서 끓인다.

3 양념장이 끓어오르면 약한 불로 줄여 감자가 익을 때까지 20~30분 조린다.

4 알감자가 익으면 그릇에 담고 통깨를 뿌려 완성한다.

멸치무침

멸치(중간크기) 100g, 통깨 조금
양념 : 현미식초 · 간장 1/2큰술씩, 조청 · 참기름 · 고춧가루 1큰술씩, 다진 마늘 1/2큰술,
　　　생강즙 조금, 마요네즈 1작은술

이렇게 만들어요

1 멸치는 마른 팬에 살짝 볶아 수분을 제거하고, 볼에 양념 재료를 모두 넣고 섞
　어 무침양념을 만든다.

2 볶아놓은 멸치를 양념에 버무려 그릇에 담고 통깨를 뿌려 완성한다.

호박볶음나물

호박 1/2개, 새우젓 1큰술, 포도씨유 2작은술, 참기름 1/2큰술, 물 2큰술, 다진 마늘 1작은술

이렇게 만들어요

1 호박은 씻어서 길이로 반 가른 다음 반달모양으로 얇게 썬다.

2 프라이팬을 약하게 달군 후 포도씨유를 두르고 썰어놓은 호박을 넣어 볶는다.

3 호박이 살짝 익으면 물을 조금 넣어 볶다가 새우젓으로 간을 한다.

4 호박이 완전히 익으면 마지막에 다진 마늘을 넣고 볶은 다음 참기름을 둘러 완
　　성한다.

마늘쫑쇠고기조림

마늘쫑 250g, 다진 쇠고기 100g, 붉은 고추 1/2개, 식용유 1큰술, 소금 1/4작은술, 통깨 조금, 물 4큰술
쇠고기 양념 : 진간장·조청 1큰술씩, 청주·다진 마늘 1작은술씩, 생강즙 1/3작은술,
　　　　　후춧가루·참기름 조금씩

이렇게 만들어요

1 쇠고기는 분량의 재료로 밑간하여 조물조물 무친다.

2 마늘쫑은 소금물에 데쳐 먹기 좋은 크기로 썰어둔다.

3 붉은 고추는 둥근 모양을 살려 얇게 썰어 씨를 뺀다.

4 달군 팬에 식용유를 두르고 양념한 쇠고기를 넣어 볶는다.

5 볶은 쇠고기에 물 4큰술을 넣고 한소끔 끓어오르면 마늘쫑을 넣어 졸인다.

6 마늘쫑이 조려지면 소금으로 간을 하고 썰어놓은 고추를 넣어 골고루 섞는다. 너무 오래 졸이면 마늘쫑 색깔이 검게 변하므로 살짝 익을 정도로만 졸인다.

도토리묵무침

묵가루 1컵, 물 6컵, 소금 · 식용유 1작은술씩, 오이 1/2개, 쑥갓 50g
양념 : 고춧가루 1큰술, 간장 3큰술, 설탕 · 깨소금 1/2큰술씩, 참기름 조금

이렇게 만들어요

1 묵가루에 소금과 식용유를 섞고 물을 부어 잘 풀어준다. 묵을 쑬 때는 묵가루와 물의 비율을 1:6으로 한다.

2 냄비에 ①을 붓고 처음에는 센불에서 끓이다가 끓기 시작하면 중간 불로 낮추고 계속 저어가며 끓인다. 농도가 점점 진해지다가 묵이 다시 부드럽고 투명해지면 다 된 것이다. 시판 제품을 사용해도 된다.

3 그릇에 면보자기를 얹은 뒤 묵을 부어 거른 다음 그대로 식힌다.

4 볼에 양념장 재료를 모두 넣고 섞어 무침양념을 만든 다음 오이를 채 썰어 쑥갓과 함께 넣고 버무린다.

5 묵을 완전히 식힌 다음 그릇에서 분리하여 적당한 크기로 썬다. 먹기 직전 ④의 양념장에 살짝 버무려 낸다.

무생채

무 500g, 쪽파 2줄기
양념 : 통깨 · 다진 마늘 1큰술씩, 고춧가루 3큰술, 고추장 1/2큰술, 멸치액젓 1/4컵, 다진 생강 1/2작은
술, 설탕 · 현미식초 1큰술씩

이렇게 만들어요

1 무는 깨끗이 손질하여 껍질을 벗기고 7cm 길이로 채 썬다.

2 쪽파는 다듬어 씻어 3cm 길이로 썬다.

3 분량의 재료를 골고루 섞어서 양념장을 만든 다음 무를 넣고 버무린다.

4 무에 색이 골고루 배면 쪽파를 넣어 버무린다. 무와 쪽파는 먹을 만큼만 그때
그때 버무려야 물이 덜 생기고 신선하다.

냉이무침

냉이 200g
양념 : 청국장 1큰술, 고춧가루 1/2작은술, 다진 마늘 1/2큰술, 들깨가루 2작은술,
통깨 · 다진 파 · 멸치액젓 · 참기름 1작은술씩, 소금 조금

이렇게 만들어요

1 냉이는 뿌리를 다듬어 깨끗이 씻고, 뿌리가 큰 것은 먹기 좋은 크기로 자른다.

2 팔팔 끓는 물에 소금을 넣고 냉이를 넣어 뿌리가 무를 때까지 데친다.

3 데친 냉이는 깨끗이 헹군 후 물기를 꼭 짠다.

4 분량의 재료를 골고루 섞어서 양념을 만든 다음 냉이를 넣어 무친다.

봄나물전

① 미나리전

미나리 150g, 새우살 100g, 밀가루 3/4컵, 소금 1/3작은술, 달걀 1개, 물 1/2컵, 후춧가루 조금, 식용유 적당량
초간장 : 간장 2큰술, 식초 · 물 1큰술씩, 고춧가루 1작은술

이렇게 만들어요

1 미나리는 다듬어 깨끗이 씻고 물기를 뺀 다음 4~5cm 길이로 썬다.

2 분량의 밀가루에 소금과 후춧가루로 간하고 분량의 물과 달걀을 넣어 반죽한다.

3 반죽한 밀가루에 미나리와 새우살을 넣고 섞는다.

4 달군 팬에 식용유를 두르고 반죽을 한 숟가락씩 떠 넣어 노릇하게 지진다.

미나리전

딜래진

②달래전

달래 1묶음, 양파 1/4개, 밀가루 3/4컵, 소금 1/3작은술, 달걀 1개, 물 1/2컵, 식용유 적당량

이렇게 만들어요

1 달래는 뿌리 부분을 다듬어 깨끗이 씻은 후 물기를 빼고 4~5cm 정도로 썬다.

2 양파는 껍질을 벗기고 가늘게 채 썬다.

3 밀가루에 소금으로 간을 하고 분량의 물과 달걀을 넣어 반죽한다.

4 ③의 반죽에 달래와 양파를 넣고 섞는다.

5 달군 팬에 식용유를 두르고 반죽을 한 숟가락씩 떠 넣어 노릇하게 지진다.

마른파래무침

마른 파래 50g, 쪽파 1뿌리, 참기름 1큰술
양념 : 간장 1큰술, 멸치육수 2큰술, 다진 마늘 1/2작은술, 생강즙 · 통깨 · 고춧가루 1/3작은술씩

이렇게 만들어요

1 파래는 잡티를 골라내고 잘게 뜯어놓는다.

2 파래에 참기름을 넣어 조물조물 무친 후 30분가량 재워둔다. 참기름으로 재워
   두어야 파래자반의 붉은 물이 빠져나오지 않고 반들반들 윤이 난다.

3 멸치육수에 나머지 양념 재료를 섞어 무침양념을 만든 후 파래와 쪽파를 넣어
   버무린다.

파래김자반

파래김 20장, 참기름 조금
양념 : 참기름 2큰술, 고춧가루 4큰술, 간장·설탕·통깨 1큰술씩

이렇게 만들어요

1 양념 재료를 모두 섞어 김자반 양념을 만든다.

2 파래김에 만들어 놓은 양념을 한 장씩 발라서 꾸득꾸득해질 때까지 말린다.

3 말린 파래김을 알맞은 크기로 자른 다음 다시 바싹 말린다.

4 먹을 때 참기름을 발라 석쇠에 살짝 구워 낸다.

김부각

김 20장, 찹쌀가루 1컵, 물 1컵, 통깨 2큰술, 소금 조금, 식용유 적당량

이렇게 만들어요

1 냄비에 분량의 찹쌀가루와 물을 붓고 소금으로 간을 하여 묽은 죽을 쑨다.

2 김은 4등분하여 ①의 찹쌀풀을 흠뻑 바른 다음 통깨를 뿌려 바싹 말린다.

3 먹을 때 마른 자반을 적당한 크기로 잘라 170℃의 기름에 튀긴다. 너무 바싹
   말라 자를 때 부서지면 분무기로 물을 조금 뿌린 후 자른다.

주꾸미구이

주꾸미 8마리, 레몬 1/4개, 소금 · 식용유 적당량
양념 : 고추장 2큰술, 다진 마늘 · 사과즙(또는 배즙) 1큰술씩, 고춧가루 · 참기름 1작은술씩,
　　　후춧가루 조금

이렇게 만들어요

1 주꾸미는 먹물과 내장을 제거하고 소금으로 문질러 깨끗이 씻는다.

2 씻은 주꾸미에 레몬즙을 뿌려 30분 정도 재워 잡냄새를 없앤다.

3 주꾸미를 흐르는 물에 살짝 헹군 후 면보자기에 싸서 물기를 꼭 짠다.

4 고추장에 분량의 사과즙(또는 배즙), 고춧가루, 참기름, 마늘을 넣어 양념장을
　만든다.

5 주꾸미를 양념장에 버무려 10분 정도 재워두었다가 프라이팬에 식용유를 두
　르고 달궈지면 살짝 구워 낸다.

간장게장

꽃게 1kg
양념 : 물 4컵, 양조간장 2컵, 마른 표고버섯 · 마른 고추 · 통마늘 1개씩, 생강 · 감초 1쪽씩, 황기 5g,
　　　대추 1개, 설탕 1/2큰술, 청주 1큰술

이렇게 만들어요

1 꽃게는 솔로 문질러서 구석구석 깨끗이 씻는다. 냉동 꽃게를 이용할 경우 냉동

된 상태로 썻어 물기를 빼면서 해동해야 고유의 맛을 간직할 수 있다.

2 냄비에 양념 재료 중 물, 간장, 청주를 넣고 한소끔 끓여 식힌다.

3 옹기나 유리그릇에 꽃게를 담고 준비한 나머지 양념 재료와 ②의 간장물을 붓
  는다.

4 하루 지난 뒤 간장물만 따라내어 끓인 후 식혀서 다시 꽃게에 붓는다.

5 2~3일쯤 냉장고에 두었다가 꺼내 먹는다. 오래 담가두면 간장물이 짜지고 게
  살이 녹아버리므로 이후로는 먹을 만큼씩 나눠 냉동 보관하는 것이 좋다.

양미리조림

양미리 500g, 식용유 적당량
양념 : 고추장 2큰술, 다진 마늘 · 다진 파 · 참기름 · 간장 1큰술씩, 설탕 1작은술, 멸치육수 2컵

이렇게 만들어요

1 양미리는 깨끗이 다듬어 먹기 좋은 크기로 자른다.

2 자른 양미리를 끓는 식용유에 바싹 튀긴다. 바싹 튀기지 않으면 살이 부서진다.

3 냄비에 양미리를 넣고 멸치육수와 나머지 양념 재료를 넣어 처음에는 센불에
  서 끓이다가 불을 줄여서 은근하게 조린다.

고등어김치보쌈

고등어 1마리, 배추김치 1/4포기, 무 200g, 굵은 파 1/2대, 양파 1/4개
양념 : 진간장 · 청주 2큰술씩, 고춧가루 4작은술, 다진 마늘 1/2큰술, 설탕 1큰술, 멸치육수 2컵

이렇게 만들어요

1 고등어는 핏물이 없도록 깨끗이 손질하여 3~4cm 너비로 어슷하게 자른다.

2 배추김치는 속을 털어내고 2장이 반씩 겹치게 펴놓은 다음 고등어를 올려 돌
   돌 만다.

3 무는 큼직하게 토막 내어 1cm 두께로 썰어서 끓는 물에 살짝 데친다.

4 양파는 1cm 폭으로 채 썰고, 파는 어슷 썰어 준비한다.

5 냄비에 무를 깔고 그 위에 배추보쌈을 얹은 다음 양념장을 만들어 위에 붓는다.

6 처음에는 센불에서 끓이다가 어느 정도 끓으면 불을 줄여 무가 푹 익을 때까지
   조린다.

콩나물국

콩나물 200g, 새우젓 2큰술, 굵은 파 1/2대, 다진 마늘 1큰술, 소금 조금, 다시마국물 5컵

이렇게 만들어요

1 콩나물은 지저분한 뿌리와 껍질을 정리하고 깨끗이 씻어 놓는다.

2 굵은 파는 껍질을 벗기고 다듬어 어슷하게 썬다.

3 냄비에 콩나물을 넣고 국물을 부은 다음 소금을 조금 넣고 끓인다. 완전히 익
   을 때까지 뚜껑을 닫고 끓여야 콩 비린내가 나지 않는다.

4 콩나물이 익으면 새우젓으로 간을 한다.

5 다진 마늘과 썰어놓은 파를 넣고 한소끔 더 끓여 완성한다.

육개장

쇠고기(양지머리) 250g, 고사리 50g, 느타리버섯 · 숙주나물 100g씩, 굵은 파 2대,
후춧가루 · 소금 조금씩, 달걀 2개
쇠고기 삶는 물 : 물 12컵, 청주 1/4컵, 통후추 10개, 수삼 작은 것 2개, 무 1/6개, 굵은 파 1/2대,
              마늘 1작은술
양념 : 국간장 · 고춧가루 3큰술씩, 다진 마늘 · 생강즙 1큰술씩, 고추기름 2큰술

이렇게 만들어요

1 양지머리를 분량의 고기 삶는 물에 넣고 1시간 정도 푹 삶는다. 육수는 고운체
   에 거르고 고기는 식혀서 먹기 좋게 찢어놓는다.

2 느타리버섯도 먹기 좋게 찢어 놓고, 숙주는 끓는 물에 살짝 데친다.

3 굵은 파는 6~7cm 길이로 자른 나음 길이를 실려 반으로 가른다.

4 고사리는 물에 불렸다가 억센 줄기를 다듬어 내고 6~7cm 크기로 자른다.

5 분량의 재료를 섞어서 양념을 만든 다음 ①~④의 준비된 재료를 넣고 골고루
   무친다.

6 냄비에 ⑤의 양념한 재료를 넣고 볶다가 육수를 부어 끓인다.

7 한소끔 끓고 나면 소금과 후춧가루를 넣어 간을 하고 다 끓인 후 불을 끄고 달 걀을 풀어 넣는다.

우거지 갈비탕

🥬

쇠갈비 1kg, 얼갈이배추 300g, 육수 12컵, 굵은 파 1대, 붉은 고추 1개, 소금 1작은술, 후춧가루 조금
육수 : 청주 1/4컵, 통후추 10개, 미삼 조금, 굵은 파 1대, 무 1/8개, 물 20컵
우거지 양념 : 국간장·된장·다진 마늘 1큰술씩, 고추기름 3큰술, 고추장 1/2큰술

이렇게 만들어요

1 갈비는 찬물에 1시간 정도 담가 핏물을 뺀다.

2 냄비에 핏물을 뺀 갈비를 넣고 물 20컵과 분량의 육수 재료를 넣어 1시간30분 정도 끓인다.

3 ②의 갈비가 부드럽게 익으면 갈비는 건져내고 국물은 고운체에 거른다.

4 얼갈이배추는 깨끗이 다듬어 씻어서 끓는 물에 소금을 넣고 데친 다음 물기를 빼고 6cm 길이로 썬다.

5 굵은 파는 어슷하게 썰고, 붉은 고추도 어슷하게 썰어 씨를 제거한다.

6 ④의 우거지에 분량의 양념을 넣어 골고루 무친다.

7 ③의 육수에 양념한 우거지와 갈비를 넣고 끓인다. 우거지가 부드럽게 익으면 굵은 파와 붉은 고추를 넣은 다음 소금과 후춧가루로 부족한 간을 맞춘다.

토란들깨탕

토란 300g, 미나리 4줄기, 굵은 파 1/3대, 느타리버섯 80g, 들깨가루 4큰술
양념 : 다시마(10×10cm) 1장, 멸치육수 8컵, 국간장 1큰술, 소금 조금

이렇게 만들어요

1 토란은 껍질을 깨끗이 벗겨 쌀뜨물에 씻어놓는다.

2 다시마는 젖은 행주로 닦아서 흰 가루를 제거한 뒤 가늘게 채 썬다.

3 미나리는 뿌리와 잎을 제거하고 줄기만 4~5cm 길이로 썬다.

4 굵은 파는 어슷하게 썰고, 느타리버섯은 가늘게 찢어놓는다.

5 멸치육수를 냄비에 붓고 토란과 다시마를 넣어 익힌 후 들깨가루를 풀어 넣는다.

6 다시 한 번 끓어오르면 느타리버섯을 넣어 끓이다가 소금과 국간장으로 간을 한다.

7 토란이 익으면 굵은 파를 넣어 한소끔 끓인 다음 미나리를 넣고 그릇에 담는다.

두 번 째 밥 상

별미로 즐기는 영양밥

세상이 좋아져서 먹을거리도 점점 다양해지고 있는 것 같지만, 사실 그렇게 쏟아져 나오는 식품 대부분이 인스턴트다. 엄마가 챙겨주지 못해도 쉽게 먹을 수 있기 때문에 요즘 아이들이 더욱 많이 접하게 되는 음식이기도 하다. 이런 패스트푸드 대신 시간이 좀 들더라도 정성으로 차린 맛있는 집밥이 필요한 때다.

양 배 추 쌈 밥

현미 · 현미 찹쌀 3/4컵씩, 양배추 1/4통, 실파 16대, 소금 조금
쌈장 : 된장 4큰술, 다진 쇠고기 50g, 두부 1/4모, 양파 1/4개, 다진 파 1큰술, 다진 마늘 1/2작은술, 쌀뜨물 1컵

이렇게 만들어요

1 현미와 현미 찹쌀을 섞어서 깨끗하게 씻어 물에 담가 2시간 정도 불린다. 체에 밭치고 젖은 면보자기를 덮어 30분 정도 더 불린다.

2 현미와 현미 찹쌀을 솥에 안친 다음 물을 적당히 부어 밥을 짓는다.

3 양배추는 통째로 소금물에 담갔다가 헹궈 물기를 뺀 다음 한 장씩 떼어서 찜기에 3분 정도 찐다. 실파는 끓는 물에 소금을 조금 넣고 데친 뒤 찬물에 헹궈 물기를 꼭 짠다.

4 냄비에 다진 소고기를 넣어 볶다가 된장과 으깬 두부, 다진 양파, 파, 마늘을 넣어 볶는다. 여기에 쌀뜨물 1컵을 붓고 약한 불에서 물이 졸아들 때까지 끓여

쌈장을 만든다.

5 ②의 현미밥을 뭉쳐 먹기 좋은 크기로 길쭉하게 모양을 만들고 양배추로 돌돌
   말아서 실파로 가운데를 묶어 쌈밥을 만든다. 쌈장을 곁들여 낸다.

현미누룽지

현미 찬밥 1공기, 물 2컵

이렇게 만들어요

1 기름을 두르지 않은 팬에 현미 찬밥을 납작하게 눌러 편 뒤 약한 불에 올려 굽
   는다.

2 노릇노릇하게 누룽지가 만들어지면 팬에서 떼어 차게 식힌다.

3 냄비에 딱딱한 현미누룽지를 담고 물을 부은 후 중간 불에서 끓여 누룽지를 완
   성한다. 찬밥의 양이 많을 때 넉넉히 만들어놓고 수시로 누룽지를 만들어 먹으
   면 좋다.

잔멸치삼각주먹밥

무간장장아찌 50g, 잔멸치 50g, 구운 김 2장, 현미밥 4공기
무간장장아찌 양념 : 다진 파 · 참기름 · 깨소금 1작은술씩, 다진 마늘 1/4작은술, 쌀조청 1큰술
잔멸치조림 양념 : 현미유 · 깨소금 1작은술씩, 간장 1/2큰술, 쌀조청 1큰술

이렇게 만들어요

1 무간장장아찌는 2cm 길이로 아주 곱게 채 썰어 찬물에 헹구고 물기를 꼭 짠다.

2 볼에 다진 파와 마늘, 쌀조청, 참기름, 깨소금을 넣고 채 썬 장아찌를 넣어 조물
  조물 무친다.

3 잔멸치는 마른 팬에 볶아 체에 쳐서 잔 가루를 없앤 다음 팬에 현미유를 두르
  고 볶다가 간장과 쌀조청, 깨소금을 넣고 조려내 식힌다.

4 삼각 주먹밥 틀에 현미밥을 적당하게 담고 장아찌 무친 것과 잔멸치조림을 조
  금씩 넣은 뒤 다시 현미밥으로 덮어서 꾹꾹 눌러 주먹밥을 만든다.

5 구운 김을 폭 1cm, 길이 8cm로 잘라서 주먹밥에 띠처럼 둘러 완성한다.

고기채소볶음밥

다진 쇠고기 100g, 감자 1개, 당근 · 양파 1/4개씩, 현미밥 2공기, 소금 조금
양념 : 간장 1큰술, 다진 파 · 통깨 · 참기름 1작은술씩, 다진 마늘 1/2작은술

이렇게 만들어요

1 다진 쇠고기는 종이타월로 감싸 핏물을 뺀다.

2 감자는 껍질을 벗기고 사방 0.5cm 크기로 썰어 찬물에 헹군 후 물기를 뺀다.

3 당근과 양파도 감자와 같은 크기로 썬다.

4 팬에 현미유를 두르고 양파와 당근을 볶다가 다진 쇠고기와 감자를 넣어 볶
   는다.

5 감자가 익으면 양념 재료를 넣고 볶다가 현미밥을 넣어 자르듯이 섞어가며 볶
   는다. 부족한 간은 소금으로 맞춘다.

현 미 김 치 김 밥

현미밥 4공기, 배추김치 100g, 구운 김 4장, 달걀 2개, 당근 1/4개, 소금 조금, 현미유 적당량
밥 양념 : 참기름 1큰술, 깨소금 1작은술
김치 양념 : 참기름 · 쌀조청 1/2큰술씩, 다진 마늘 1/4작은술, 깨소금 1/2작은술

이렇게 만들어요

1 뜨거운 현미밥에 참기름과 깨소금을 넣고 자르듯이 섞어 양념한다. 이때 부채
   질을 해가며 식히면서 양념한다.

2 배추김치는 소를 털고 국물을 꼭 짠 다음 송송 잘게 썬다. 팬에 참기름을 두르
   고 김치와 다진 마늘을 넣어 볶는다.

3 ②를 불에서 내린 뒤 쌀조청과 깨소금을 넣고 고루 섞어 식힌다. 달걀은 풀어
   서 현미유를 두른 팬에서 지단을 부쳐 1cm 폭으로 썬다.

4 당근은 곱게 채 썰어 팬에 현미유를 두르고 볶다가 소금으로 간을 하고 식힌다.

5 김발에 구운 김을 올리고 현미밥을 김의 2/3 되는 지점까지 고르게 편 다음 그 위에 배추김치, 달걀지단, 당근 채를 올려 풀리지 않도록 동그랗게 말아 꾹꾹 눌러 김밥을 만든다. 1cm 폭으로 먹기 좋게 썰어서 그릇에 담아낸다.

채 소 비 빔 밥

현미밥 3공기, 양배추 4장, 적채 1장, 콩나물 80g, 미나리 50g, 붉은 파프리카 1/2개, 소금 조금
나물 양념 : 참기름 · 깨소금 2작은술씩, 소금 조금
비빔밥 양념 : 간장 3큰술, 참기름 · 깨소금 1큰술씩, 다진 파 · 쌀조청 1작은술, 다진 마늘 1/4작은술

이렇게 만들어요

1 현미밥을 고슬고슬하게 지어 준비한다.

2 양배추와 적채는 굵은 심지를 도려내고 씻어서 3cm 길이로 곱게 채를 썬다. 붉은 파프리카도 씨를 제거하고 가늘게 채썬다.

3 콩나물은 다듬어 씻어서 끓는 물에 데친 뒤 찬물에 헹궈 물기를 꼭 짠다. 미나리도 줄기를 다듬고 3cm 길이로 썰어 끓는 물에 소금을 조금 넣고 데친 다음 찬물에 헹궈 물기를 꼭 짠다.

4 데친 콩나물과 미나리에 각각 나물 양념장을 절반씩 넣어 조물조물 무친다. 분량의 재료를 모두 섞어 비빔밥 양념장을 만든다.

5 그릇에 현미밥을 적당하게 담고 양배추, 적채, 양념한 콩나물과 미나리를 조금씩 올린 다음 비빔밥 양념장을 곁들여 비벼 먹는다.

채소오므라이스

현미밥 2공기, 양배추 2장, 당근 30g, 피망 · 토마토 1/2개씩, 양파 1/4개, 달걀 2개, 완두콩 3큰술, 다진 마늘 1/2작은술, 다진 파 1큰술, 간장 · 깨소금 1작은술씩, 현미유 2큰술, 소금 조금

이렇게 만들어요

1 양배추, 당근, 피망, 양파를 씻어서 사방 0.5cm 크기로 자른다. 달걀은 알끈을 제거하고 곱게 풀어 체에 내린다.

2 토마토는 껍질을 벗기고 씨를 뺀 다음 곱게 다진다.

3 팬에 현미유를 두르고 당근과 양파를 볶다가 현미밥과 토마토, 간장, 다진 마늘을 넣어 볶는다.

4 밥에 토마토 색이 스며들면 양배추와 피망, 완두콩을 마저 넣고 고루 버무린다. 다진 파와 깨소금, 소금을 넣고 섞어서 불에서 내린다.

5 팬에 현미유를 조금 두르고 얇고 넓게 달걀지단을 부친다.

6 지단이 한 김 식으면 국그릇으로 눌러 동그란 모양으로 잘라 펼쳐놓는다. 그 위에 채소 오므라이스를 적당량 올린 다음 지단을 반으로 접어 밥을 감싸 접시에 보기 좋게 담아낸다.

우리 아이 영양 간식

과자봉지 하나씩 들고 친구들과 어울려 나눠먹던 추억은 이제 다 옛말이 됐다. 요즘은 아이들이 먹는 과자나 음료수 하나하나에 신경을 곤두세우지 않을 수 없으니 말이다. 'MSG무첨가'라고 크게 써 붙인 제품들도 어째 꺼림칙하다. 이제 내 아이가 안심하고 먹을 수 있는 간식은 엄마가 직접 만든 홈메이드 식품뿐이다.

떡볶이

현미 가래떡 250g, 다진 쇠고기 50g, 양배추 5장, 양파 1/2개, 땅콩 5큰술, 잣 2큰술
양념장 : 고춧가루 · 간장 · 다진 마늘 1작은술씩, 고추장 · 쌀조청 2큰술씩, 굵은 파 1대, 물 1/2컵

이렇게 만들어요

1 현미 가래떡은 4cm 길이로 토막 내어 길이로 반 가르고 물에 헹군다.

2 다진 쇠고기는 종이타월로 감싸 핏물을 뺀다.

3 양배추와 양파는 큼직하게 채 썰고, 땅콩은 껍질을 벗기고 잣은 고깔을 뗀다.

4 팬에 물 1/2컵을 넣고 고춧가루와 고추장을 잘 풀어 빨간 고추장 물을 만든 뒤 불에 올린 다음 끓으면 굵은 파와 다진 마늘, 간장, 쌀, 조청을 넣고 끓인다.

5 양념장 국물이 끓으면 다진 쇠고기와 채소, 떡을 넣어 끓이면서 볶는다.

6 국물이 걸쭉해지면서 떡이 무르게 익으면 땅콩과 잣을 넣고 함께 버무려 그릇에 담아낸다.

찹쌀약식

현미 찹쌀 3컵, 밤(깐 것) 5개, 간장 · 잣 · 호박씨 3큰술씩, 쌀조청 4큰술, 참기름 1큰술, 소금 조금

이렇게 만들어요

1 현미 찹쌀은 깨끗이 씻어서 2시간 정도 물에 담가 불린다. 불린 찹쌀을 건져 체에 밭치고 젖은 면보자기를 덮어 30분 정도 더 불린다.

2 밤은 껍질을 벗겨 찬물에 헹군 뒤 반으로 자른다. 잣은 고깔을 떼어내고 마른 면보자기로 싼 뒤 비벼서 기름기를 없애고, 호박씨도 씻어서 건져 물기를 뺀다.

3 찜기에 베보자기를 깔고 현미 찹쌀을 담아 김이 충분히 오르도록 40분 정도 찐다. 찹쌀을 찌는 중간에 한 번 정도 소금을 조금 탄 물을 현미 찹쌀에 뿌려준다.

4 현미 찹쌀이 차지게 익으면 꺼내어 볼에 담고 밤, 잣, 호박씨, 쌀조청을 뿌려서 고루 버무린 다음 간장으로 양념한다. 다시 찜기에 베보자기를 깔고 견과류를 넣은 현미 찹쌀을 20분 정도 더 찐다.

5 밤과 현미 찹쌀이 알맞게 익으면 볼에 담아 참기름을 넣고 고루 버무린다. 아이들이 좋아하는 머핀틀이나 작은 컵에 담아 식히면 모양도 좋고 먹기도 편하다.

고기만두

🥟

밀가루 2컵, 소금물 1/2컵(물 1컵에 소금 1/2작은술 정도의 비율)

만두소 : 다진 쇠고기 100g, 두부 1/2모, 부추 40g, 간장 · 다진 마늘 · 참기름 1큰술씩, 다진 파 2큰술,
　　　　소금 · 후춧가루 조금씩, 깨소금 1/2큰술, 달걀 1개

소스 : 다시마물 · 간장 1큰술씩, 식초 · 설탕 1작은술씩

이렇게 만들어요

1 밀가루에 소금물을 조금씩 부어가며 손에 붙지 않을 정도로 반죽을 한다.

2 면보자기에 물을 적셔서 물기를 꼭 짠 후 반죽을 감싸 10분 정도 둔다.

3 다진 쇠고기에 분량의 간장, 소금, 파, 마늘, 후춧가루, 참기름을 넣고 조물조물
　무쳐 양념을 한다.

4 두부는 물기를 빼고 으깬 다음 소금과 참기름으로 양념하고, 부추는 잘게 썬다.

5 볼에 ③과 ④의 재료를 모두 넣고 고루 섞은 다음 달걀을 풀어 넣고 잘 섞어 만
　두소를 만든다.

6 면보자기로 싸둔 반죽을 꺼내 다시 한 번 치댄 다음 밀대로 밀어 만두피를 만
　든다.

7 먹음직스러운 크기로 만두를 빚은 후 찜통에 김이 올라오기 시작하면 만두를
　넣어 7~8분 정도 찐다. 소스 재료를 모두 섞어 곁들여낸다.

콩죽

흰콩 1/2컵, 쌀 1컵, 물 12컵, 소금 조금

이렇게 만들어요

1 콩은 물에 담가 하룻밤 불린 뒤 깨끗이 씻어 속껍질까지 제거한다.

2 쌀을 씻어 2시간 이상 충분히 불린 다음 체에 건져 물기를 뺀다.

3 껍질 벗긴 콩은 물 1컵을 넣고 믹서에 굵게 간다. 여기에 쌀을 분량의 반쯤 넣고 다시 한 번 간다.

4 냄비에 간 콩과 나머지 물을 넣고 눌어붙지 않도록 저어가며 끓인다.

5 한소끔 끓어오르면 약한 불로 줄이고, 나머지 쌀을 넣고 저어가면서 쌀알이 퍼질 때까지 끓인다.

6 죽이 완성되면 소금으로 간을 맞춰 뜨거울 때 그릇에 담는다.

영양닭죽

닭가슴살 150g, 현미밥 2공기, 마른 표고버섯 1장, 송송 썬 실파 2큰술, 통깨 · 참기름 1작은술씩, 검은깨 조금, 굵은 파(푸른 잎부분) 2대, 생강 1/4톨, 통마늘 3개

이렇게 만들어요

1 닭가슴살은 흰 피막을 벗겨내고 깨끗이 씻은 다음 냄비에 물 10컵을 붓고 굵은 파, 생강, 마늘을 넣어 푹 삶는다.

2 삶은 닭가슴살은 건져 굵게 다지고 육수는 면보자기에 걸러놓는다.

3 표고버섯은 물에 부드럽게 불려 곱게 다지고, 현미밥은 손절구에 넣고 찧는다.

4 냄비에 참기름을 두르고 현미밥과 표고버섯을 넣어 볶다가 닭가슴살 삶은 국물을 부어 저어가면서 중간 불에서 끓인다.

5 밥과 표고버섯이 완전히 풀어지면 다져 놓은 닭가슴살을 넣고 통깨와 검은 깨를 넣어서 약한 불에서 은근하게 좀 더 끓인다.

6 닭죽이 완성되면 송송 썬 실파를 뿌리고 부족한 간은 소금으로 맞춘다.

고추장수제비

밀가루 4 ½컵, 소금물 2 ½컵(물 1컵에 소금 1/2작은술 정도의 비율), 감자 2개, 호박 1/2개, 불린 미역 1/2컵, 고추장 · 국간장 1큰술씩, 소금 · 다진 마늘 조금씩
국물 : 국물용 멸치 20g, 마른 다시마 5cm, 표고버섯 5장, 말린 새우 1/4컵, 물 12컵

이렇게 만들어요

1 밀가루에 소금물을 부어가며 손에 끈끈하게 묻어날 정도로 반죽을 한다.

2 찬물에 분량의 국물 재료를 넣고 30분 정도 끓여 국물을 우려낸다.

3 국물이 우러나면 건더기는 건져내고 감자를 한 입 크기로 썰어 넣는다.

4 감자가 거의 익으면 고추장을 풀어 양념을 한다.

5 국물이 끓어오르면 적당한 크기로 반죽을 떠 넣는다.

6 반죽이 익어 떠오르면 썰어놓은 호박과 미역을 넣어 한소끔 더 끓인다.

7 간장으로 간을 하고 다진 마늘과 표고버섯을 썰어 넣고 한소끔 끓여 완성한다.

장떡

 밀가루 · 메밀가루 1컵씩, 물 1½컵, 고추장 1큰술, 청양고추 · 홍고추 3개씩, 소금 조금. 식용유 적당량

이렇게 만들어요

1 밀가루와 메밀가루를 1:1 비율로 섞고 물을 넣어 숟가락으로 떴을 때 주르르 흐를 정도로 반죽을 한다.

2 반죽에 고추장 1큰술을 넣어 잘 섞는다.

3 고추는 매운 것으로 골라 어슷하게 썰어 ②의 반죽에 넣고 잘 섞는다.

4 프라이팬에 식용유를 조금만 두르고 얇게 부쳐낸다.

감자 부침

밀 감자 3개, 양파 1/4개, 소금 조금, 식용유 적당량

이렇게 만들어요

1 감자는 깨끗하게 씻어 껍질을 벗기고 강판에 간 다음 소금으로 약하게 산을 한다.

2 양파를 갈아 ①의 감자와 섞는다.

3 팬에 감자가 눌어붙지 않을 정도로 식용유를 조금만 두르고 부쳐낸다.

쑥버무리

쑥 200g, 맵쌀가루 3컵, 설탕 4큰술, 소금 조금

이렇게 만들어요

1 쑥은 지저분한 잎을 정리하고 너무 큰 것들은 먹기 좋은 크기로 뜯어 깨끗하게
   씻은 후 물기를 뺀다.

2 맵쌀가루는 소금으로 간을 하고 설탕을 넣어 섞는다.

3 씻어놓은 쑥에 간을 한 맵쌀가루를 버무린다. 이때 손으로 쑥을 살살 들어주면
   서 고루 묻게 한다.

4 찜통에 물을 붓고 면보자기를 깐 찜기를 올려 김이 오르기 시작하면 버무려 놓
   은 쑥을 넣고 뚜껑을 덮어 익힌다.

5 맵쌀가루가 투명한 빛을 띠면 찜기에서 꺼내 쑥버무리를 그릇에 담아낸다.

오미자주스

오미자 1컵, 끓여서 식힌 물 8컵, 꿀 조금, 참외 1개

이렇게 만들어요

1 오미자는 깨끗이 씻어서 체에 밭쳐 물기를 뺀다.

2 팔팔 끓였다가 충분히 식힌 물에 오미자를 넣어 하루 저녁 우린 다음 빨갛게

색이 우러나면 면보에 밭쳐 맑은 오미자 물만 받아서 냉장실에 넣어둔다.

3 참외는 껍질을 깎고 반으로 갈라 씨를 긁어낸다. 모양틀로 찍거나 사방 2cm 크기로 썬다.

4 찬 오미자 물에 꿀을 조금 타고 참외를 넣어서 함께 먹는다.

오곡미숫가루

 현미 · 보리쌀 · 현미 찹쌀 · 검은콩 1/2컵씩, 수수 1/4컵, 생수 적당량, 꿀 조금

이렇게 만들어요

1 현미와 보리쌀, 현미 찹쌀을 깨끗하게 씻어 물에 30분 정도 담가 불린다.

2 검은콩은 잡티를 골라내고 씻어서 반나절 정도 불린 다음 체에 밭쳐 물기를 뺀다.

3 수수는 빨간 물이 나오지 않을 때까지 씻어서 물에 불린 다음 건져 물기를 뺀다.

4 물기 뺀 잡곡을 각각 기름을 두르지 않은 팬에서 타지 않도록 은근히 볶은 다음 식힌다.

5 믹서에 식힌 잡곡을 모두 넣고 곱게 갈아 미숫가루를 만든다. 갈아놓은 잡곡은 상하지 않도록 냉동실에 보관한다.

6 생수 1컵에 오곡미숫가루를 2큰술씩 타서 마신다. 기호에 따라 꿀을 조금 섞는다.

MSG 걱정 없이 만드는 천연 조미료

음식 맛을 돋우기 위해서는 조미료를 사용하기 마련이다. 문제는 시중에 판매하는 제품들이 MSG 논란에 휩싸여 더 이상 믿고 사용하기 어렵다는 것. 그래서 현명한 요즘 엄마들은 조미료에 대한 개념을 바꾸기 시작했다. 멸치나 다시마, 버섯, 양파, 매실 등으로 만든 천연 조미료만 있으면 우리집 식탁이 바로 건강 밥상이다.

천연 국물 만들기

쇠 고 기 국 물

쇠고기(양지 또는 사태) 600g, 양파 1/2개, 굵은 파 1/2대, 무 200g, 통마늘 5개, 통후추 10알, 다시마(10×10cm) 1장, 월계수잎 2장, 물 20컵

이렇게 만들어요

1 쇠고기는 4등분으로 썰어 30분 정도 찬물에 담가 핏물을 뺀다.

2 냄비에 물과 분량의 재료를 모두 넣고 센불에서 끓인다.

3 국물이 팔팔 끓어오르면 불을 약하게 줄이고 다시마는 건져낸 다음 중간 중간 거품을 걷어내며 1시간30분 정도 끓여 고운체에 거른다.

멸치국물

멸치 30마리, 무 100g, 양파 1/2개, 통마늘 3개, 굵은 파 1/2대, 물 10컵

이렇게 만들어요

1 멸치는 내장을 제거하고 마른 팬에 살짝 볶아서 비린내를 없앤다.

2 냄비에 물과 분량의 재료를 모두 넣고 센불에서 끓이다가 팔팔 끓어오르면 불
   을 약하게 줄이고 20분 정도 더 끓여 고운체에 거른다.

다시마표고버섯국물

다시마(10×10cm) 2장, 마른 표고버섯 4개, 양파 1/4개, 물 10컵

이렇게 만들어요

1 마른 표고버섯은 흐르는 물에 헹구어 먼지를 닦아낸다.

2 냄비에 물과 분량의 재료를 모두 넣고 센불에서 끓이다가 팔팔 끓어오르면 불
   을 약하게 줄이고 2-3분 뒤 다시마만 선져낸다.

3 약한 불에서 20분 정도 더 끓인 다음 고운체에 거른다.

채소국물

양파 1/2개, 굵은 파 1/2대, 양배추 1장, 표고버섯 2개, 무 100g, 당근 30g, 물 10컵

이렇게 만들어요

1 준비한 채소를 깨끗이 씻는다.

2 냄비에 물과 재료를 모두 담고 센불에서 끓이다가 불을 약하게 줄이고 30분간 은근히 끓인 다음 고운체에 거른다.

기호에 따라 즐기는 에코맘 추천 육수

북어육수

재료 | 북어머리 5개, 무 100g, 다시마 1장, 생강 1쪽, 양파 1/2개, 통마늘 3쪽, 통후추 5개, 물 15컵, 간장 1/2큰술, 천일염 조금

이렇게 만들어요

1 재료를 한꺼번에 넣고 20분간 끓인다.

2 육수가 우러나오면 건더기를 건져내고 한소끔 끓인 후 간을 하고 불을 끈다.

3 구수하고 뽀얗게 우러나온 국물은 냉장 보관해두고 쓴다. 특히 콩나물국이나 대구탕, 생태탕, 배추국에 쓰면 좋다.

천연 양념 만들기

고기 재움 양념 (쇠고기 600g 기준)

간장 4큰술, 올리고당 · 다진 마늘 · 매실청 2큰술씩, 배즙 3큰술, 깨소금 · 참기름 1큰술씩,
후춧가루 1/4작은술

이렇게 만들어요

1 볼에 분량의 재료를 모두 넣고 골고루 섞어 양념을 만든다.

2 준비한 고기에 양념을 발라 1시간 동안 재운 다음 굽는다.

간장 조림 양념

양조간장 1컵, 물 3컵, 양파 1/2개, 굵은 파 1/2대, 마른고추 2개, 통마늘 5개, 사과 · 레몬 1/4개씩,
조청 1/2컵

이렇게 만들어요

1 냄비에 분량의 재료를 모두 넣고 은근히 끓여서 재료가 절반 정도로 줄어들면
고운체에 거른다.

2 완성된 양념은 유리병에 보관한다.

볶음양념

고추장 4큰술, 고춧가루 · 간장 2큰술씩, 조청 3큰술, 매실청 · 깨소금 · 참기름 · 다진 마늘 1큰술씩,
다진 생강 1작은술

이렇게 만들어요

1 볼에 분량의 재료를 모두 넣고 골고루 섞어 양념을 만든다.

2 완성된 양념은 유리병에 보관한다.

무침양념

고추장 1/2컵, 고춧가루 3큰술, 다진 마늘 · 사과 간 것 2큰술씩, 조청 1/4컵, 매실청 · 깨소금 1큰술씩,
소금 조금

이렇게 만들어요

1 볼에 분량의 재료를 모두 넣고 골고루 섞어 양념을 만든다.

2 완성된 양념은 유리병에 보관한다.

기본양념+α! 업그레이드 양념장

청국장 양념

재료 | 청국장가루 1/2컵, 들깨가루 4큰술, 양파즙 · 다진 마늘 · 설탕 1큰술씩, 들기름 · 소금 조금씩

이렇게 만들어요

1 준비된 재료를 모두 섞어 쓴다.

* 더덕이나 도라지 무침용으로 쓰면 좋다.

참깨소스

재료 | 통깨 10큰술, 멸치육수 · 참기름 3큰술씩, 다진 마늘 · 다진 파 2큰술씩, 소금 1~2작은술

이렇게 만들어요

1 통깨는 잘 씻어 볶아 믹서기에 간다.

2 준비된 재료를 모두 섞어 쓴다.

* 참나물무침, 시금치무침, 유채나물 등에 쓰면 잘 어울린다.

4:

주방에서
일회용품을 치워라

green basket

너무 쉽게 사고 버린다

　　　　　　　:산업의 발달과 그에 따른 경제적 발전이 주는 풍요함 속에 대량 생산, 대량 유통, 대량 소비로 생활의 패턴이 바뀌고 '빨리 빨리 더 빨리'를 외치며 간단함과 편리성을 추구하다 보니, 서두름 없이 시간을 내고 정성을 들이면서 생활 속의 여유를 즐기던 우리의 삶이 이와는 거리가 먼 '패스트(fast) 문화'가 되었다.

　언제부턴가 가족 모두가 식탁에 둘러앉아 두런두런 이야기하며 여유 있게 식사를 즐기는 모습은 사라지고, 우리들의 식탁은 가공식품과 인스턴트 식품이 대신하고 있다. 불과 몇 년 사이 카페에 앉아 차를 마시기보다는 테이크아웃(take-out)으로 들고 다니며 마시는 것이 자연스러워졌다. 이제는 옷도 패스트 패션(fast fashion)이라는 말이 유행할 정도로 값싸게 한철만 입고 즐기는 옷들이 날개 돋친 듯 팔리고 있다고 한다. 이런 패스트 문화의 확산에 따라 각종 일회용품들도 우리의 생활 속 깊숙이 들어와 있다.

　사고 버리고 또 사고 버리고…. 하루가 멀다 하고 쏟아지는 새로운 상품들 속에서 우리는 물건의 소중함을 잊은 채 살고 있다.

과연 나는 오늘 하루 몇 개의 일회용품을 소비했는지 생각해보자. 일회용 물건들에 둘러싸여 지내다 보면 풍요한 만큼 마땅히 누려야 할 삶의 질이나 여유가 오히려 역주행하고 있는 느낌마저 든다.

일회용품을 사용함으로써 주위 환경이 얼마나 오염되는지, 일회용품을 생산하기 위해 얼마나 많은 자원과 에너지가 소비되는지, 쓰고 버린 그 많은 일회용품의 뒤처리는 어떻게 되는지, 그 간편함 때문에 우리가 무엇을 놓치고 있는지 한번쯤 생각해보아야 할 때다.

우리가 일상생활에서 알게 모르게 사용하고 있는 일회용품은 무척 많다.

일회용품은 같은 용도로 다시 사용하는 것을 고려하지 않고 한 번만 사용하도록 고안된 제품을 의미한다. 즉, 한 번 쓰고 버리는 물건이란 뜻이다. 일상생활 속에서 무심코 사용하는 종이컵, 쇼핑백, 비닐봉투, 나무젓가락 등은 모두 일회용품이다. 직장인 한 사람이 하루 평균 종이컵을 3개 사용한다고 가정했을 때, 한 달이면 100개 가까이 되는 종이컵이 버려진다. 게다가 쓰레기로 배출된 종이컵이 땅 속에 묻혀 자연분해되려면 20년이 걸린다고 하니 언뜻 생각해봐도 심각한 문제임을 알 수 있다.

우리나라 법에서 일회용품으로 지정한 생활용품은 다음과 같다.

✔ 일회용 컵, 접시, 용기(종이나 금속박, 합성수지 재질 등으로 만든 것)

✔ 일회용 나무젓가락

✔ 이쑤시개(전분으로 제조한 것은 제외)

✔ 일회용 플라스틱 숟가락, 포크, 나이프

✔ 일회용 봉투, 쇼핑백(환경부장관이 재질, 규격, 용도, 형태 등을 감안하여 고시로 정한 것은 제외)

✓ 일회용 면도기, 칫솔

✓ 일회용 치약, 샴푸, 린스

✓ 일회용 비닐 식탁보(생분해성 수지 제품은 제외)

✓ 일회용 응원용품(막대풍선, 비닐 방석 등)

✓ 일회용 광고 선전물(합성수지로 도포, 접합된 것)

그런데, 왜 우리는 의도하든 그렇지 않든 이렇게 많은 일회용품을 사용할까? 무엇보다 매우 편리하기 때문이다. 한 번 사용한 다음 뒤처리는 생각하지 않고 버리면 되는 간단함과 편리성이 가장 크다. 다른 사람이 사용하던 것을 다시 사용할 때 혹시라도 생길 수 있는 세균 등으로 인한 감염의 위험에서 보다 안전하다는 점도 일회용품을 사용하게 만드는 요인이다. 점점 급해지고 편리함만을 추구하는 인스턴트 문화가 우리 생활 깊숙이 자리 잡아 일회용품 사용이 더욱 증가할 수밖에 없다.

쉽게 버린 일회용품이 곧 쓰레기다

가장 큰 단점은 가장 큰 장점을 거꾸로 생각하면 된다. 바로 한 번 쓰고 버리면 된다는 것이다. 평소 생활 속에서 일상적으로 사용하는 모든 물건(예를 들면 컵, 접시, 수저, 손수건, 옷, 신발, 가방, 칫솔 등등)을 한 번 쓰고 버린다고 생각해보자. 우리 사회는 과연 어떻게 될까?

대부분의 일회용품은 종이와 합성수지류, 즉 플라스틱이나 비닐로 만들어진다. 이런 물건들을 한 번 쓰고 버린다면 과연 그 많은 쓰레기는 누가, 어떻게 처리할 것이며, 쓰레기를 처리하는 과정에서 발생하는 문제들은 또 얼마나 많을까.

첫 번째 문제는 쓰레기를 매립해야 한다는 것이다. 땅이 좁은 우리나라의 경우 이 문제는 치명적인데, 우리가 쓸 수 있는 땅이 그만큼 줄어들기 때문이다. 여름철이면 반복되는 쓰레기 악취 문제도 심각하다. 쓰레기로 인해 생기는 침출수는 주변 환경을 또다시 오염시킨다.

두 번째는 바다에 버리는 '해양 투기'다. 바다는 누구의 것도 아니며 드넓기 때문에 얼마든지 이런 지구의 쓰레기를 수용할 수 있다고 생각하는 사람도 있다. 그러나 이미 바다도 자정 능력이 떨어지고 있다. 우리나라도 삼면이 바다로 둘러싸인 국가지만, 지속적인 해양 투기로 인해 주요 어류 서식지와 양식지가 오염되고 있다. 이는 바로 우리가 먹는 수산물의 오염과 어획량 감소로 이어진다.

세 번째는 태워서 없애는 방법인 '소각'이다. 우리나라도 매립 위주의 정책에서 소각 위주의 정책으로 바꿨다. 서울의 경우 1구 1소각장을 만드는 정책을 세웠다. 그러나 소각장을 짓고 운영하는 과정에서 해당 지역 주민과의 끊임없는 분쟁으로 인해 이 정책을 전면 수정하고 있는 상황이다.

결국 우리가 알고 있는 쓰레기를 처리하는 방법 중 어느 것 하나도 손쉬운 방법은 없다. 쓰레기를 처리하는 가장 쉬운 방법은 바로 쓰레기를 되도록 만들지 않는 것이다.

내 아이의 건강, 나아가 지구의 건강을 지키기 위한 대책은 결코 거창한 것들이 아니다. 일상생활에서 실천하는 작은 행동들이 모여 심각한 환경 문제를 해결할 수 있다. 그러기 위해서는 환경문제에 대한 의식을 가지고 이를 위해 노력하는 에코맘의 역할이 매우 중요하다.

주방에서 요리를 할 때 무심코 톡톡 뽑아 쓰는 키친타월을 예로 들어보자. 기름기나 양념을 닦아내기에 이보다 더 편리한 용품은 없을 것이다. 그러다 보니 하루 동안 사용하는 키친타월도 꽤 여러 장이다. 키친타월 대신 행주를 사용해보면 어떨까? 빨아 써야 하는 번거로움은 있겠지만 이는 곧 자원 절약, 에너지 절약, 쓰레기 줄이기 등을 실천하는 길이다.

최근 대형마트나 백화점을 중심으로 다시 붐이 일고 있는 장바구니도 마찬가지다. 일회용 비닐봉투 대신 장바구니를 사용한다면 땅 속에 묻혀서도 썩지 않는다는 비닐로 인한 공해를 줄일 수 있다. 현재 전 세계적으로 1분당 200만 장의 비닐봉투가 사용되고 있다고 한다. 만일 각자가 사용량을 최소한으로 줄인다면 하루에 얼마나 어마어마한 환경 운동이 이루어질지 짐작할 수 있다.

이밖에도 아기용 물티슈나 청소할 때 사용하는 일회용 물티슈 등을 줄이는 것도 지구를 살리는 그린 캠페인에 동참하는 길이니 작은 것부터 하나씩 실천하는 것이 중요하다.

일회용품에 의한 환경 오염이 심각하다

일회용품으로 많이 사용되는 재질은 우리가 흔히 비닐, 플라스틱이라고 부르는 합성수지류이다. 종이를 사용하는 경우에도 방수 등을 위해 코팅하는 경우가 많다. 이렇게 일회용품을 만드는 데 필요한 재질의 안전성 문제가 끊임없이 제기되고 있다. 바로 '환경호르몬' 문제이다. 일회용 도시락 용기, 컵라면 용기, PVC(염화비닐수지) 랩, 각종 코팅제 등이 그것이다. 이 중 광범위하게 사용되는 PVC 제품의 경우, 유연성과 접착력을 높이기 위해 가소제를 사용하는데, 이 가소제로 사용되는 프탈레이트라는 화학물질 중 DEHA(디에틸헥실아디페이트)는 환경호르몬이라는 이유로 2005년에 사용 금지되었다. 그 전까지 우리는 이 환경호르몬이 들어간 랩으로 포장되어 일회용 그릇에 담겨온 각종 배달음식을 먹고 있었던 것이다. 1980년대에도 플라스틱 용기에 사용되던 DOP(디에틸헥실프탈레이트)라는 화학물질이 사용 금지되었다. 이에 따라 지금 시판되는 랩에는 에폭시나 글리세린 지방산 에스테르 등이 사용되고 있지만, 프탈레이트를 가소제로 사용한 랩이 접착력이 높기 때문에 알게 모르게 여전히 우리 생활 주변에서 쓰이고 있는지는 아무도 모르는 일이다.

설사 이렇게 위해한 물질이 사용되지 않았다 하더라도 식품의약품안전청에서는 랩으로 포장된 식품의 경우 100℃를 초과하지 않도록 권고하고 있다. 흔히 주문한 배달음식이 기름지고 뜨거운 상태에서 포장되어 오는 것을 생각해보면, 편리함 뒤에 숨겨진 일상 속 위험이 얼마나 많을지 짐작할 수 있을 것이다.

또한 식기용 플라스틱 중 일부 플라스틱 용기, 캔 등에서 문제가 되었던 비스페놀 A가 녹아 나온다는 사실은 많이 알려져 있지만, 종이컵이나 종이그릇 등의 일회용품에도 비스페놀 A가 들어 있다는 사실을 아는 사람은 드물 것이다. 종이컵, 종이접시를 만들 때 사용되는 재생 펄프의 접착제에 바로 비스페놀 A가 들어 있다.

또 흔히 스티로폼이라 불리는 발포성 폴리스티렌 소재의 플라스틱 용기에서 주로 검출되는 환경호르몬 물질인 스티렌다이머와 스티렌트리머는 지난 2003년 컵라면 용기 파동으로 유명해진 물질이다. 이 물질은 독성이 매우 약한 것으로 알려졌지만, 지금도 전문가들은 스티로폼 용기에 담긴 컵라면을 전자레인지에 넣고 조리하지 말라고 권하고 있다.

일회용 비닐봉투도 마찬가지다. 비닐봉투 1kg을 만드는 데 5.87kg의 이산화탄소가 발생한다는 사실을 기억해야 하겠다.

편한 것에 길들여져 점점 패스트문화로 변해간다

일회용품의 가장 큰 문제는 우리를 간편함에 길들이게 해 습관이 되게 하고, 나아가 문화를 바꾼다는 것이다.

예전에는 우유를 유리병에 넣어 판매했다. 이 유리병은 재활용이 가능하고 환경을 오염시킬 염려가 적었지만 병은 이동과 보관이 어렵기 때문에 기업은 종이로 만든 '팩'을 도입했다. 그러나 결과는 어떠한가. 우유팩은 보관과 이동이 편하고 가볍지만 결국 이로 인해 쓰레기 문제가 더욱 심각해졌다. 분리하여 재활용하는 것에도 한계가 있다. 한때 다시 병을 쓰자는 운동이 잠시 일어나기도 했었지만 결국 다시 병으로 돌아가지 못했다.

누구나 찻집에 앉아 차를 마시던 문화도 테이크아웃 매장이 생기고 나서는 사서 가져갈 수 있다는 편리함 때문에 모두들 일회용 컵에 담아 거리로 나섰고, 이제는 매장 안에서도 다회용 컵이 아닌 일회용 컵을 사용하는 것이 문화가 돼버렸다.

우리 어머니들이 장에 갈 때면 손에 꼭 챙겨 가던 장바구니도 1980년대 말 석유화학제품의 발달에 따라 점점 사라지면서 비닐봉투가 급속히 퍼지기 시작하더니, 불과 1~2년 사이 길에는 검고 흰 비닐봉투들이 범람했고 장바구니는 찾아볼 수 없게 되었다. 현재 전 세계 인구는 매년 5천억~1조 개의 비닐봉투를 사용하고 있다. 1분당 200만 장을 사용하고 있는 셈이다. 이러한 비닐봉투 문화에서 다시 장바구니를 사회로 등장시킨 데는 10년이라는 긴 시간 동안 환경연합 여성위원회의 끈질긴 노력이 있었다.

세 살 버릇 여든 간다는 말이 있다. 한번 길들어지고 나면 아닌 줄 알면서도 익숙해진 습관을 바꾸기가 힘들다. 더욱이 그것이 불편한 생활로 돌아가는 것이라면 더 어려운 일일 것이다. 그렇기에 지구와 환경을 위해 노력하겠다고 마음먹었다면 처음부터, 당장 지금부터 쉽고 편해지려는 생각을 버려야 한다. 우리의 건강한 삶을 위해 일회용품을 쓰려는 마음을 버려야 한다. 대신 그 자리에 미래에도 지속 가능한 환경과 지구를 생각하는 습관을 들이자.

일회용품 사용이 생활 전반에 확산되면서 일회용품을 줄이기 위한 시민 단체들의 활동이 활발해지고, 정부도 자원을 절약하기 위해 1994년 3월 '자원 절약과 재활용 촉진에 관한 법률'을 제정함으로써 일회용품 규제의 근거를 마련했다. 이에 더해 2002년 2월, 법을 개정하여 일회용품 사용에 관한 규정을 강화했다. 대형 유통업계와 패스트푸드점, 테이크아웃 커피점도 자율실천선언과 자발적 협약을 맺어 일회용품 절감을 위해 노력하고 있다. 이런 정책들은 일회용품의 사용을 줄이는 데 큰 도움이 된다.

그러나 최근에는 다시 기업들의 활동에 규제가 된다며 일회용 도시락 용기에 관한 규정과 테이크아웃 매장에서의 컵 보증금 제도를 폐지함으로써 10년 가까이 일회용품을 줄이기 위해 시민사회와 기업이 기울여온 노력이 퇴보하고 있다.

　일회용품 문제는 정부의 규제와 기업의 노력이 매우 중요한 일이지만 더욱 중요한 것은 우리 각자의 실천이다. 조금 불편한 것을 감수하고 나와 내 아이가 살고 있는 환경, 나아가 지구의 미래까지 걱정해야할 때다.

에코맘의
Tip

생활 폐기물 자연분해기간은 얼마나 될까?

- 종이 : 2~5개월
- 우유팩 : 5년
- 담배필터 : 10~12년
- 나무젓가락 : 10년 이상
- 일회용 컵 : 20년 이상
- 가죽구두 : 25~40년

- 나일론 : 30~40년
- 플라스틱 용기 : 50~80년
- 알루미늄 캔 : 100년 이상
- 일회용 기저귀 : 100년 이상
- 스티로폼 : 500년 이상

일회용 쓰레기, 줄일 수 있다

집에서 실천하는 그린 캠페인

톡톡 뽑아 쓰는 휴지보다는 손수건과 손걸레를 사용하자

키친타월, 갑티슈, 테이프로 된 클리너와 각종 물티슈까지 편리한 제품들이 얼마든지 많다. 이들은 사용할 때 편리하긴 하지만 한 번 쓰고 나면 버리는 일회용품이다. 되도록 손을 씻고 난 후에 물기는 수건으로 닦고 바닥 청소나 오염물을 제거할 때는 손걸레를 사용하자.

불필요한 용품은 사지 말자

잘못된 구매는 가정 경제뿐 아니라 환경까지 망치는 주범이다. 쓰레기는 재활용하는 것보다 만들지 않는 것이 훨씬 쉽다. 내게 꼭 필요한 물품인지 다시 한 번 생각해보고 지갑을 여는 현명한 소비자가 되어야 한다.

클릭 한 번으로 지구 사랑! 청구서는 이메일로 받자

각종 청구서가 우편함을 채우고 있지는 않은가? 우리나라에서 청구서 제작으로 잘리는 나무가 한 달에 무려 4만 그루라고 한다. 종이 청구서 대신

이메일 청구서를 신청하면 종이, 인쇄, 발송 등에 사용되는 자원과 에너지가 절약되고 이산화탄소를 흡수하는 나무도 보전된다. 더불어 요금 할인도 되니 일석삼조다.

어린이 용품은 나눠 쓰고 바꿔 쓰자

금세 옷이 작아질 만큼 아이가 무럭무럭 자라는 걸 보는 것은 엄마에게는 크나큰 기쁨이다. 작아져 못 입는 옷을 다른 아이에게 나눠주는 것은 그 기쁨을 나누는 일이며 자원을 절약하는 일이기도 하다. 슬기로운 요즘 엄마들이 인터넷 카페 등을 통해 이미 실천하고 있듯이 장난감이나 도서, 유아용품 등을 서로 나누는 일은 사랑하는 우리 아이의 미래를 더욱 밝게 한다.

단기간만 잠깐 이용하는 물품은 대여 사이트를 활용하자

꼭 필요하긴 한데 한두 번 이용하고 나면 처치 곤란인 물건들이 집 안에 꽤 있다. 이런 물품들은 수납공간을 잡아먹는 일등 공신. 이렇게 꼭 필요하지만 한두 번 사용하고 마는 물건을 사두면 결국 뜻하지 않게 일회용품이 되고 만다. 이런 일회용품은 각종 물품을 대여해주는 업체를 이용하면 비용도 저렴하고, 나중에 보관하거나 폐기하느라 고생할 필요도 없다.

회사에서 실천하는 그린 캠페인

전용 컵을 쓰자

일회용 컵은 개성 있고 품위 있는 나만의 컵으로 바꿔 종이컵, 플라스틱 생수병, 캔으로 버려지는 쓰레기를 줄인다. 한 해 직장인이 버리는 종이컵이 500여 개나 되는데, 컵 하나가 분해되는 데는 20년이 걸린다. 컵 1톤은

20년생 나무 20그루를 지구에서 사라지게 한다. 사무실에서 내 컵을 사용하면 연간 2만5천 톤의 펄프를 절감하고 103억 원을 절약하게 된다는 사실, 놀랍지 않은가? 개인 컵을 가지고 커피 전문점을 방문하면 할인도 받을 수 있다. 쿠폰을 챙기기보다 내 컵을 챙겨가자. 할리스는 구매 금액의 1%, 스타벅스와 커피빈에서는 300원을 할인해준다.

넘치는 A4용지를 보면서 푸른 숲을 떠올리자

회의시간에 종이 문서를 나누는 대신 이메일로 먼저 점검하고, 화상으로 회의를 진행하자. 문서를 편집할 때는 여백을 작게 조정하면 A4지를 최대한 절약할 수 있다. 출력할 때는 양면 출력을 이용하고, 2쪽 모아 찍기도 좋다. 거기에 버려지는 이면지까지 메모지로 활용한다면 당신은 진정한 숲 지킴이이다.

일회용 믹스 커피 대신 병에 담긴 커피를 먹자

자동판매기 커피의 맛, 일회용 믹스 커피의 맛에 익숙해져 있다면 일회용 쓰레기는 쌓일 수밖에 없다. 게다가 일회용 믹스 커피에는 각종 첨가물로 만들어진 프림과 건강에 좋지 않은 설탕이 다량 들어 있다. 믹스 커피 대신 병에 담긴 커피를 이용하면 쓰레기도 줄이고 비만도 예방할 수 있다.

클립이나 집게를 이용하자

습관처럼 사용하는 스테이플러 대신 다시 쓸 수 있는 클립과 집게를 이용하자. 소중한 자원인 철을 절약할 수 있다.

여행지에서 실천하는 그린 캠페인

그린카드를 이용하자

호텔에 묵었다면, 혹시 호텔에 그린카드가 있는지 살펴보자. 그랜드 하얏트 서울 및 신라호텔, 힐튼호텔, 제주 스위트호텔 등을 시작으로 확산되고 있는 이 그린카드 캠페인은 각종 환경오염을 줄이고 자원을 절약하자는 차원에서 실시된 친환경 프로젝트다. 그린카드를 사용하는 호텔에서는 룸마다 그린카드를 비치해두고 투숙객이 원할 경우 객실 밖에 걸어두면 시트와 타월 등을 교체하지 않도록 하여 불필요한 세탁을 줄이도록 했다. 또 일부 호텔은 쓰레기 줄이기, 물 절약, 친환경 제품 사용 등 그린 마케팅과 의식 교육에 힘쓰며 에코 호텔로 변모하고 있다.

TV 없이 지내보자

TV 없는 객실을 찾아보거나 여행하는 동안이라도 TV를 피해보자. 전기도 절약할 수 있고 조용한 공간에서 아름다운 음악이나 독서를 즐기며 진정한 휴식을 느낄 수 있을 것이다.

나만의 세면도구를 가져가자

샴푸, 비누, 빗, 칫솔 등 숙소에 비치된 일회용품은 불필요한 자원 낭비를 가져온다. 여행할 때는 나만의 세면도구를 챙겨 가자.

선물을 구매할 땐 과대 포장 쓰레기는 되돌려주자

여행지에서 가족이나 지인을 위해 선물을 구매했다면 불필요한 포장이 되어 있지 않은지 살펴보자. 과대 포장된 선물은 받는 사람에게도 반갑지 않을 것이다.

144

아름다운 가게 http://www.beautifulstore.org

에코생협 알뜰장터 http://ecocoop.or.kr

행복한 나눔 가게 http://www.kfhi.or.kr

녹색가게 우리 마을 벼룩시장 http://www.happymarket.or.kr

북어게인(중고도서) http://www.bookagain.co.kr

고구마(중고도서) http: //www.goguma.co.kr

한국자원재활용협회 http://www.recycle.or.kr

리사이클시티(중고가전·가구전문점) http://www.rety.co.kr

리폼연구실 http://cafe.naver.com/junkart

참고문헌
〈제18회 시민환경포럼- 자발적 협약 과연 실효성이 있는가?〉

환경을 걱정한다면 장바구니를 들어라

:지금부터 28년 전, 비닐봉투가 흔하지 않았던 시절에는 맥주병 5개를 담아도 끊어지지 않는 비닐의 튼튼함에 모두들 감탄했었다. 그 당시엔 물건을 담기 위해 사용하던 것이 양파를 담는 망처럼 생긴 장바구니거나 플라스틱 바구니가 전부였으니까. 그로부터 10년 후, 정말 감쪽같이 10년 만에 온 지구가 비닐로 덮였다. 비닐 쇼핑백의 편리함에 익숙해진 사람들에게 장바구니가 외면받았기 때문이다.

이렇게 장바구니가 사회로부터 멀어지면서 장바구니 속에 담기는 것들도 변화하기 시작했다.

귀찮아도 손수 장바구니를 들고 갈 수밖에 없던 시절은 우리나라가 본격적으로 산업화되기 이전이다. 석유화학산업이 우리 산업화의 주요한 산업의 한 축이었고 이 산업의 부가상품으로 등장한 것이 바로 '비닐'이다. 석유화학산업의 눈부신 발전과 더불어 '비닐'은 급속히 확대되었다.

또한 산업화는 석유화학제품 외에도 다양한 발전을 가져왔다. 식품기업들이 생겨났고, 바빠진 사람들은 먹을거리를 직접 해결하던 생활에서 외식, 급식, 가공식품을 이용하는 경우가 많아졌다. 여러 가지 생활에 필요한 생활용품도 급속도로 발전해갔고, 여기에 편리함을 더한 일회용품들이 나타나기 시작했다.

호박, 콩나물, 두부 등 각종 찬거리와 비누, 두루마리 휴지 등 생활에 꼭 필요한 필수품만 담기던 엄마의 장바구니는 과자, 소시지 등 가공식품과 갖가지 세제들이 가득 담긴 비닐봉투로 바뀌었다. 그러면서 우리의 비닐 쇼핑백은 점점 풍족해졌고, 우리는 우리의 삶이 풍요로워지고 있다고 생각했다.

하지만 '풍요롭다'는 생각도 그리 오래가지 못했다. 얼마 가지 않아 풍요로움을 누리기 위해 우리가 치른 대가들이 서서히 사회에 등장하기 시작했다. 먼저 편리하고 풍족한 생활의 상징인 쓰레기가 나라의 문제가 되었다. 그냥 내다 버리면 되던 쓰레기는 버리는 만큼 돈을 지불해야 했고, 돈을 주고 버려도 매립이나 소각으로 처리해야 하는 지역의 주민들이 반대해 음식물쓰레기도 분리해서 버려야 했다. 그러자 한편에서 지구의 한정된 자원을 지금처럼 계속 쓴다면 우리 지구가 위태롭다는 주장이 생기기 시작했고, 이제는 우리 모두가 절약해야 한다는 목소리에 힘이 실렸다. 이어 분리수거가 생활화되기 시작했다. 이제는 쓰레기를 버리는 일이 큰 일이 되어버렸다. 플라스틱은 종류별로 살펴야 하고, 비닐 쓰레기며 스티로폼, 종이도 종류별로 나누어 버리게 되면서 생활의 피곤함은 더해졌다.

그리고 아픈 아이들이 생겨났다. 편리하다고 맛있다고 먹었던 가공식품 속에 알게 모르게 들어 있던 식품첨가물을 비롯해 편리하고 아름답게 살기 위해 꾸며온 집, 일상적으로 사용하는 화장품, 매일 쓰는 세제 등에 우리 아이들을 병들게 하는 각종 화학물질이 들어 있었던 것이다.

지구는 영원한 우리의 삶터라는 생각도 더 이상 할 수 없게 되었다. 발전한 문명만큼 지구에는 부담이 되었고

147

석유문명 때문에 생겨난 온실 가스는 수천 년 동안 유지되어온 지구의 온도를 올려놓았다.

그러자 곳곳에서 이러한 상황들을 인식하고 반성하며 지구와 함께 우리가 건강하게 살아가야 한다는 움직임이 일어나기 시작했다. 그리고 무엇보다 우리 아이들이 건강하게 자랄 수 있는 환경을 만들자는 엄마들, '에코맘 (Eco-Mom)'이 생겨났다. 그중 대표적인 모임이 환경운동연합 여성위원회이다. 여성위원회는 우리뿐만 아니라 우리 다음 세대에게도 쓸 수 있는 자원과 살아갈 수 있는 터전을 만들어줘야 한다는 생각이 사회로 확산되야 한다고 생각했다. 여성위원회는 되도록 우리 다음 세대도 많은 것을 함께 나눌 수 있도록 '아끼고 돌보는 삶'을 선택하고자 한다. 그리고 다음 또 그 다음을 살아갈 아이들에게 건강한 삶이 이어질 수 있는 '지속 가능한' 세상을 생각한다. 이런 생각은 흔히 말하는 자동차도 타지 않고, 산골로 들어가 농사만 짓고 살겠다는, '옛날로 돌아가'는 것을 의미하는 것이 아니다. 그리고 큰 정치나 정책을 하는 사람만이 바꿀 수 있는 것도 아니다. 우리 삶에서 하나하나 작은 부분을 바꾸어 우리의 습관을 바꾸자는 것이고, 우리 가족이 바뀌면 우리 사회가 바뀌게 될 것이라는 믿음을 가지는 것이다. 이런 사람들이 많아지면 정책이 되고 나라의 큰 흐름이 되어, 소비자의 움직임에 민감한 기업의 움직임도 바뀔 수 있으리라는 큰 꿈을 가지고 있다.

이러한 변화된 사회를 만들기 위해 맨 처음 여성위원회가 시작한 일은 '장바구니 들기'였다. 하찮아 보이는 장바구니 하나로도 우리의 깊은 뜻과 많은 생각들을 풀어낼 수 있으리라 생각했다. 그리고 이 장바구니가 우리 삶에서 사라진 10년이라는 시간을 다시 되돌리기 위해 앞으로 10년 동안 다양한 문화와 철학, 그리고 습관을 바꾸기 위해 노력하고 이를 통해 사회를 돌려놓겠다고 다짐했다.

장바구니가 왜 좋을까요?

쓰레기는 우리의 짐입니다

우리는 매일 1,035톤(연간 38만 톤)의 일회용 쓰레기를 만들어냅니다. 이것들을 매립하자니 매립장이 부족하고, 태우면 다이옥신이 나옵니다. 이 모두가 자원이고 돈입니다. 일회용 품 사용을 50%만 줄이면 연간 2,495억 원이나 절약할 수 있습니다.

장바구니는 친환경적입니다

장바구니 1개는 비닐봉투 수천 개를 대신합니다. 다소 귀찮고 불편하더라도 장바구니를 듭시다. 장바구니를 든 손이 환경을 지키는 손입니다. 건전한 소비와 장바구니를 든 쇼핑문화를 만들어갑시다.

생명이 되살아납니다

장바구니 사용으로 일회용 비닐 사용이 줄어든다면 우리의 환경이 되살아날 수 있습니다. 장바구니 드는 사람들이 50%만 넘으면 2~3개의 쓰레기 소각장이 필요 없어지므로 그만큼 공해가 줄어들고 나무를 심을 땅이 늘어납니다.

149

'장바구니여, 영원하라', '장바구니를 든 당신이 아름답습니다', '장바구니는 경제다', '어머니가 든 장바구니의 미덕', '장바구니를 들기만 해도 지구를 살린다'

그러나 이렇게 큰 뜻으로 시작한 장바구니를 우리 사회로 돌려놓기 위한 활동에도 고민이 따랐다. 사람들의 습관은 잘 변하지 않는다는 것이다.

'귀찮은 것을 싫어하는 요즘 사람들이 장바구니를 들고 다니려고 할까?'

장바구니를 통해 얻을 수 있는 것과 함께 일회용 비닐봉투로 지구에 주는 부담만큼은 아닐지라도 약간의 불편함도 따르는 것이 사실이다. 구체적으로 이는 일회용 쇼핑 봉투 유상판매제도로 나타났고, 당시 일회용품과 쓰레기로 인해 골치를 앓고 있던 우리 정부에게도 좋은 제안이 되었다. 1999년 결국 정부는 일회용 비닐봉투 유상판매제를 도입하였고, 무료로 '부담 없이' 마구 사용하던 비닐봉투는 작은 돈을 내고 판매하게 되었다. 여성위원회는 이에 머무르지 않고 장바구니를 든 사람에게는 비닐봉투 값만큼을 되돌려주는 프로그램도 제안했다.

'50원 되돌려준다고 사람들이 장바구니를 들까? 그것도 우리나라에서 제일 부자 동네에서….'

'아니야, 주부들의 마음은 다 똑같아. 틀림없이 들게 될 거야.'

압구정동의 한 백화점 앞에서 한 달 동안 매일 캠페인을 펼쳤다.

"장바구니를 들면 50원을 되돌려드립니다."

"장바구니를 든 당신이 아름답습니다."

이렇게 한 달간 진행된 캠페인에 힘입어 우리나라 제일의 부자 동네에서 장바구니를 든 에코맘들이 하나 둘 생겨나기 시작했다. 바로 사람들 마음에서 다시 장바구니가 되살아나는 순간이었다. 이러한 변화에 그 백화점에서도 우리나라에서 처음으로 장바구니를 든 사람에게 혜택을 주는 '장바구니

인센티브제'를 시행하기 시작했다.

해가 갈수록 우리 사회에서 환경의 중요성은 더욱 부각되고 있다. 앞으로도 장바구니를 통해 우리 사회를 바꾸기 위해 더욱 노력할 것이다. 작은 '장바구니의 효과'는 우리가 생각하는 것 이상으로 크고 확실하다.

이렇게 장바구니를 다시 사회로 등장시키고 나니, 또 다른 문제점들이 보였다.

* 사진제공 DUEMIO(blog.naver.com/duemio)

바로 '롤백'이라 불리는 일회용 비닐봉투와 식품을 소량으로 포장하기 위해 사용되는 일회용 트레이와 랩이 그것이다. 아무리 장바구니를 들어도 장을 보고 나면 그 속에는 롤백 몇 장과 합성수지 트레이나 랩 등이 꼭 들어가 있다. 이렇게 사용되는 롤백만 한해 약 6억 장 정도라 하니 이도 무시할 수 없는 양이었고, 무엇보다 사람들에게 일회용 쇼핑백을 대신한 대체품처럼 이용된다는 것도 문제였다.

장바구니의 불편을 보완하기 위해 '투명망'과 '방수망'이 고안되었다. 투명망은 그물코 형태의 천으로 만들어진 양파망 같은 형태로, 속이 비지어 과일이나 채소 등을 구입할 때 대형마트나 백화점의 롤백 대용으로 사용하면 편리하다. 방수망은 두부, 콩나물, 생선처럼 물기가 있는 식품을 구매할 때 편리하게끔 방수천으로 만들어졌다. 장을 보러 갈 때면 장바구니에 투명망과 방수천 두 개가 더 추가되는 것이다. 이런 생각들에 몇 가지를 더하면 지구를 생각하는 에코맘의 장보기 수칙이 만들어진다.

이런 장보기 수칙이 번거롭다고 느끼는 사람들은 '비닐봉투가 지구에 부담을 준다면 종이봉투는 어때?'라고 생각할 수 있을 것이다. 왠지 종이는 재활용도 잘 되고 잘 썩으니 훨씬 좋을 것이라고 생각하는 것이다. 그러나 종이봉투 역시 몇 번 재이용할 수 있다고는 하나 결국 버려지는 일회용품일 뿐이다. 생활의 불편함을 이기고 환경을 생각하는 삶을 지향하겠다고 결심했다면, 어떻게든 조금이라도 덜 불편해보려는 생각은 버려야 한다.

에코맘의 장보기 수칙

1. 장바구니를 챙긴다.
2. 방수망과 투명망, 혹은 간단한 보관 용기가 있다면 함께 챙긴다.
3. 구입할 목록을 꼼꼼히 기록해서 장에 간다.
4. 기록한 물품들이 꼭 필요한 것인지 다시 한 번 생각한다.
5. 이중 포장 및 과대 포장이 된 것은 장 본 곳에 되돌려준다.
6. 되도록 집에서 가까운 시장이나 유통매장을 이용해 이동 시 발생하는 에너지를 줄이고, 지역 경제도 살린다.

주부가 움직여야 로하스 시대가 열린다

: 이렇게 다시 우리 사회에 등장한 장바구니와 이를 통한 생태적인 삶은 점차 확산되고 있다. 대형 유통 매장에서 장바구니를 든 사람에게 인센티브를 제공하는 것은 정부 권고와 기업의 자발적인 선택에 힘입어 대부분의 매장으로 확산되었다. 장바구니뿐 아니라 박스 포장 등 다양한 방법으로 비닐 쇼핑백을 들지 않는 사람들도 생겨났다. 또 어떤 유통매장은 약 1년간 고객 홍보를 통해 매장 안에서 아예 일회용 비닐 쇼핑 봉투를 없애기도 했다. 사람들은 점점 일회용 비닐봉투를 멀리하게 되었고 여성위원회가 장바구니 들기를 사회에 끄집어낸 지 10년이 지난 지금, 장바구니나 박스 포장 등을 통해 일회용 비닐봉투를 이용하지 않는 사람들이 40%를 넘는다.

한편, 장바구니는 에코백(eco-bag)이라는 이름으로 남녀노소 누구나 이용하는 패션 아이템이 되었다. 의류를 판매하는 기업에서는 사은품으로 에코백을 제공하기도 하고, 유명 패션 잡지에서는 에코백에 대한 기사를 다뤘다. 자수나 뜨개질 등을 이용해 자기만의 장바구니를 만들어 들고 다니거나 헌 옷이나 폐현수막 등 버려지는 것들을 재활용해 장바구니를 만드는 일도 생겼다. 이러한 일 모두가 장바구니는 주부의 전유물이라는 인식을 깨기 위해 다양한 장바구니를 만들어 보급하고, 장바구니의 시대별 모습을 보여주는 패션쇼를 열고, 플래카드나 버리는 우산 천으로 장바구니를 만드는 등 다각도로 노력한 결과이다. 이러한 노력 끝에 드디어 10년 만에 장바구니가 다시 우리 사회의 소품으로 자리매김한 것이다.

또한 장바구니를 사회로 더욱 널리 알리기 위해 각 방송사의 드라마를 매년 모니터링하여 일회용 쇼핑 봉투를 소품으로 사용하는 프로그램에 다회용품을 사용하도록 제안했다. 드라마에서 사용할 수 있도록 예쁜 장바구니를 만들어 보내고, 각종 일회용품을 무분별하게 사용하는 모습을 꼼꼼히 지적했다. 이러한 일들은 드라마 속의 삶을 동경하는 많은 사람들이 드라마를 보면서 비닐 쇼핑백을 비롯한 일회용품 사용을 당연하게 받아들일 수 있기 때문이다.

이러한 장바구니 효과는 최근 지구온난화를 방지하기 위한 프로그램의 하나로 세계적인 인기를 얻기 시작했다. 원료가 되는 화석연료를 절감하고, 생산 및 유통, 폐기 과정에서 지구온난화의 주범인 CO_2 발생량을 감소시킬 수 있는 효과적인 방안으로 장바구니 들기를 드디어 세계가 인정하기 시작한 것이다.

구체적인 수치로 보아도 일회용 비닐봉투 1kg 생산 시 발생되는 CO_2의 양은 약 6kg에 달한다. 1년간 한 사람이 일회용 비닐봉투 대신 장바구니를 사용할 경우 약 58kg의 CO_2 발생량을 감소시킬 수 있다고 한다.

이러한 '장바구니 효과'를 얻기 위해 영

국, 캐나다, 미국 등 세계 선진국의 유통 매장은 CO_2를 절감하기 위한 적극적인 프로그램으로 장바구니를 도입하고 있다.

에코맘의 장바구니에는 편리한 일회용품을 거부하고 지구와 가족의 건강을 바라는 마음이 담겨 있다. 쉽게 쓰고 버리는 플라스틱과 일회용 쇼핑 봉투 대신 지구를 생각하는 장바구니 안에는 가족의 건강을 담는 친환경 먹을거리와 화학물질을 최소화한 생활용품이 어울린다.

이렇듯 일회용 문화, 패스트 문화, 편리함이 우선되는 문화를 생태적인 문화로 되돌린다는 것은 단순히 일회용품을 줄이는 것만을 의미하지는 않는다. 건강을 생각하고 지속가능함을 생각하는 로하스(LOHAS, lifestyle of health and sustainability)가 바로 그것이다. 급속히 확산되고 있는 생활협동조합원의 증가, 슬로우 푸드의 확산 등이 그 증거다. 그리고 우리 사회에서 일회용 문화, 패스트 문화를 몰아내는 초록 열쇠가 바로 '에코맘의 장바구니'이다. 장바구니를 챙겨 든 아름다운 모습의 에코맘들이 점점 더 많이 생겨나 우리 가족과 지구의 건강을 함께 챙기는 진정한 로하스의 시대가 열리기를 희망한다.

5:

녹색 지구를
지켜라

green basket

지구 온도 1.5℃를 낮춰라

: 최근 100년 동안 산업이 기하급수적으로 발전함으로 인해 화석 연료가 과소비되었고 화석연료의 사용에 따라 지구의 CO_2 농도는 높아졌다. 지구의 평균 온도가 100년 전보다 0.6도나 올랐다고 한다. 우리나라의 평균 온도는 약 2배나 더 높은 1.5도나 상승했다. 그까짓 1.5도 가지고 큰일이라도 난 것처럼 뭘 그렇게 호들갑이냐고 생각하겠지만 우리 몸과 비교해보면 금세 심각성을 알 수 있다. 사람의 건강 온도는 36.5도인데 여기서 1.5도가 올라갔다면 어떨까? 아마 당장 병원에도 가고 약도 먹을 것이다. 지구도 마찬가지다. 1.5도가 작은 온도라고 무시할 게 아니라 이산화탄소로 인해 열감기를 앓고 있는 지구도 치료를 해야 한다.

현재 지구온난화로 인해 빙하가 녹고 북극곰이 멸종되고, 남극에는 펭귄이 없어지고 있다. 산사태가 일어나고 폭풍, 폭우와 가뭄이 심해지고 있다. 지구가 사막화되어 가고 있으며 새로운 질병들이 생겨나고 있다. 언뜻 보기에 너무 광범위해서 나와는 무관하게 느껴질 수도 있다. 하지만 그 심각성은 생각보다 밀접하게 우리 생활과 연관되어 있다. 예로, 식중독이 늘어날 수 있고, 새로운 곤충과 바이러스의 번성으로 인해 전염병에 걸릴 확률이 높아진다. 2003년 유럽을 강타한 폭염으로 약 2만여 명이 탈수증과 일사병으로 사망한 일이 있었다. 2008년 여름 한국에서도 폭염주의보가 일기예보에 등장했다.

또한, 지금 우리 삶의 문제로 다가온 농산물 가격 폭등을 들 수 있다. 화석 연료의 고갈로 인해 대안으로 곡물 원료(agrofuel)의 사용이 급증하고 있으며, 이에 더해 기후변화로 인한 작황이 좋지 않자 현재 전 세계는 애그플레이션(agflation, 농산물 가격 폭등을 뜻하는 말)의 어려움에 빠져 있다. 이는 바로 우리 삶의 문제로 연결된다. 라면 값이 올랐고, 자장면 값도 올랐다.

또 우리에게 닥친 문제 중 하나가 유가 급등이다. 중국에서는 경유 값이 폭등하여 화물차가 멈췄고, 버스 회사들은 차비 인상을 요구하고 있다. 집에 있는 차도 이제 두고 다녀야 한다. 환경단체에서 몇 년을 주장해도 미미하던 자전거 타기 운동이 국가적 과제로 채택되었다. 더운 여름, 자전거를 타고 출퇴근하는 사람들이 늘어나고 있다.

이 모든 것이 에너지, 기후변화와 관련된 문제이다. 더 큰 문제는 지금 겪

에코맘의 Tip

기후변화가 우리 삶에 미치는 영향

1.0℃↑ 폭풍, 산불, 가뭄, 홍수, 폭염의 강도 증가
1.5℃↑ 되돌릴 수 없는 그린란드 빙하 해빙의 증가
　　　　기아를 겪는 사람들의 증가
2.0℃↑ 아마존 열대우림 전체나 일부의 붕괴
4.5℃↑ 전 세계 농작물 생산량의 큰 하락
5.0℃↑ 대도시(런던, 도쿄, 뉴욕, 홍콩 등) 해수면 상승

고 있는 어려움보다 근본적인 곳에 있다.

우리가 지금 이대로 화석연료를 사용한다면 석유는 40년, 천연가스는 60여 년, 석탄은 170여 년, 우라늄은 50여 년밖에 쓸 수 없다고 한다. 화석연료의 고갈과 기후온난화의 대안으로 원자력 발전을 이야기하고 있지만, 원자력도 우라늄을 이용해 발전을 하는 한정된 에너지원이지, 끊임없이 쓸 수 있는 에너지는 아니다. 재생 가능한 에너지, 영구히 쓸 수 있는 에너지인 태양 에너지, 바람 에너지 등을 이용한 발전이 모색되고는 있지만 아직은 갈 길이 멀다.

그렇다면 이렇게 많은 문제와 연결되어 있는 에너지 문제에 대해 과연 우리 주부들은 어떻게 대처해야 할까? 너무 큰 문제라 주부로서 할 수 있는 일이 무엇일까 싶지만 답은 아주 간단하다. 바로 에너지 절약이다. 에너지 과소비를 멈추어야 한다. 전 세계적으로 한 사람 한 사람이 에너지를 절약해 나가면 지구의 온도를 낮출 수 있고, 지구 에너지를 지속 가능하게 바꾸어 나갈 수 있다.

구체적인 방법으로 전기를 절약하는 것과 물 절약, 물자 절약 그리고 자동차 연료 줄이기, 음식물 쓰레기 줄이기, 식품의 이동 거리 줄이기, 녹색 소비 등이 있다. 생활 속에서 이런 작은 지혜와 실천을 모아 우리 집부터 에너지를 절약하고 환경을 오염시키지 않는 'CO$_2$ Zero House'를 만드는 방법을 알아보자.

에너지 절약이 최선의 방법이다

멀티탭 전원부터 차단한다

사용하지 않는 가전제품의 플러그만 뽑아도 전기 사용량이 10% 이상 줄어든다. 플러그만 뽑아도 연간 1가구당 평균 3만5천 원이 절약되고 우리나라 전체로는 5천억 원이 절약된다. 멀티탭의 경우, 각각의 전력을 차단할 수 있는 똑딱이 단추가 있는 것을 사용하면 더욱 편리하게 절전을 생활화할 수 있다.

실내 온도는 여름철엔 28도, 겨울철엔 18도가 알맞다

여름에는 26~28도로, 겨울에는 18~20도로 맞추어 놓고 냉·난방기를 사용하자.

여름에는 에어컨을 약하게 틀고 선풍기를 같이 사용하면 전기료도 절약되고 냉방 효율도 높아진다. 이렇게 적정 온도를 지키는 일은 지구의 건강과 나의 건강을 함께 지킬 수 있는 방법이다. 실내외 온도차가 5도 이상 나면 냉방병에 걸리기 쉽기 때문이다. 또 적정 온도를 지키는 일은 경제를 살리는 일이다. 난방 온도를 3도 낮추면 난방 에너지 20%가 절약되고, 이는 연간 1조5백억 원을 절약할 수 있다. 냉방 온도 3도를 높이면 20%의 에너지를 절약할 수 있다. 연간 4천5백억 원이 절약된다.

유럽 선진국에서는 내복을 입는다

건강 온도를 유지하기 위해서는 먼저 해야 할 일들이 있다. 추운 겨울날 집에서 반소매나 맨발로 있는 생활습관을 바꾸는 일이다. 내복을 껴입고 덧신을 신자. 바닥은 매트를 깔아 보온력을 높이자. 흔히들 내복을 입고 있으면 건강에 좋지 않다거나, 세련되지 못한 사람일 거라 생각지만 결코 그렇지 않다. 건강이라면 자신 있는 국가대표 선수들도 겨울엔 내복을 입는다고 한다. 두꺼운 코트 안에 짧은 소매를 입고 다니는 모습보다 따뜻한 옷을 입고 겨울을 건강하게 나는 모습이 훨씬 아름다워 보이지 않을까?

사용하지 않는 사무기기는 전원을 끈다

컴퓨터, 모니터, 프린터와 같은 사무기기를 가동할 때 나오는 열은 35도이다. 따라서 사무기기를 사용하지 않으면서 켜두는 것은 전기 낭비는 물론 가전제품에서 나오는 열 때문에 실내 온도도 올라가게 된다. 그러므로 컴퓨터를 사용하지 않을 때는 반드시 전원을 끄자. 할로겐 램프나 백열등도 많은 열을 발생하므로 냉방 중에는 켜지 않는 것이 좋다.

에너지 효율성을 따진다

조명기구는 고효율 전등으로 모두 바꾸어 사용하자. 전자제품은 에너지 소비효율 1등급으로 구입하자. 잠깐의 시간 투자로 에너지 효율이 높은 전기제품을 구입하면 30~45%의 에너지를 절약할 수 있다. 다림질은 한꺼번에 모아서 하고, 심하지 않은 구김은 물을 뿌려 두면 잘 펴진다. 냉장고 문은 자주 여닫지 말고 내용물도 60% 정도만 채우자.

텔레비전 보는 시간도 줄이자. 하루에 1시간씩만 줄여도 연간 312억이 절약되고, 텔레비전 보지 않을 때 플러그만 뽑아도 연간 90억원이 절약된다. 텔레비전 보는 시간을 줄이면 가족과의 대화도 늘어날 것이다.

압력밥솥에 밥을 짓는 것도 좋은 방법이다. 전기밥솥 보온은 전력 소모가 많기 때문이다. 휴대폰이나 전기칫솔 충전기는 파란불이 들어오면 대기 전력이 낭비되지 않도록 바로 플러그를 뽑자.

컴퓨터를 켤 때는 본체를 켠 뒤 1분쯤 뒤에 모니터를 켜는 습관을 들이자. 프린터, 스피커 등 부속기기는 사용할 때만 전원을 켠다. 모니터 밝기도 필요 이상으로 밝게 하지 않는다. 펜티엄 이상의 컴퓨터의 경우 본체 및 모니터를 절전모드로 설정한다. 잠깐 동안 컴퓨터를 안 쓸 때는 모니터만 꺼둔다. 모니터만 꺼두어도 컴퓨터 전력이 50% 이상 절약된다. 실제로 컴퓨터를 50분 이상 안 쓸 때는 전원을 꺼놓는 편이 좋다. 컴퓨터는 한번 켜지는 데 20~30분 사용할 정도의 전력을 잡아먹기 때문에 50분 이상 컴퓨터를 사용하지 않을 때는 꺼두는 것이 좋다. 그리고 컴퓨터를 껐다면 플러그도 모두 뽑자. 장시간 사용할 때는 데스크톱보다 노트북이 유리하다. 또한 평소 CD롬에는 CD를 넣어 두지 않는 것이 좋다. CD를 인식하기 위해 한 번 더 읽게 되기 때문이다.

이산화탄소 배출량을 줄여라

대중교통 생활화로 연료를 줄인다

- 가까운 거리는 걸어서 다니고 먼 거리는 자전거 또는 대중교통을 이용한다.
- 차계부를 써서 연비를 최대한 줄인다.
- 급출발과 급제동을 하지 않는다.
- 엔진 공회전을 하지 않는다.
- 트렁크에 불필요한 짐을 싣지 않는다.
- 자동차요일제에 참여한다.
- 자동차를 구입할 때는 에너지효율차로 구입한다.

일회용품은 그만! 적게 쓰고 절약한다

- 소비를 줄인다. 모든 물건의 제조와 유통에는 에너지가 사용된다.
- "줄이고(reduce), 다시 쓰고(reuse), 재활용하자(recycle)"는 3R정신, 꼭 기억하자.
- 휴대폰을 한번 사면 최소한 2년 이상 사용한다. 요즘에는 몇 개월만 쓰

면 휴대폰을 바꾼다고 하는데 이는 자원을 엄청나게 낭비하는 일이다. 신상의 즐거움보다 오래 쓰는 즐거움을 배우자.

- 일회용품 대신 다회용품을 사용한다. 종이봉투, 비닐봉투 대신 장바구니를, 일회용 컵 대신 개인 컵을 사용한다. 가방 안에 장바구니와 개인 컵을 늘 휴대하고 다니자.

음식물쓰레기를 줄인다

음식을 준비할 때는 필요한 만큼만 준비하고, 먹을 만큼만 담아 남기지 않는다.

음식물쓰레기로 낭비되는 금액이 처리 비용까지 포함하면 연간 15조 원이라고 한다. 이는 먹을거리가 부족해 굶주리고 있는 북한의 동포들이 30년간 먹을 수 있는 양이다.

이런 놀라운 사실 말고도 낭비되는 음식물쓰레기를 금액으로 환산해보면 우리가 할 수 있는 일들이 엄청나다.

- 자동차를 1년간 수출할 수 있는 양이다.
- 전 국민이 영어를 배우는 데 1년간 투자되는 비용이다.
- 1년 동안 산업 재해로 인해 손실을 보는 돈이다.

음식점에서도 메뉴마다 대, 중, 소로 구분하여 팔게 되면 쓰레기를 현저히 줄일 수 있다. 많이 먹는 사람이나 적게 먹는 사람이나 또, 어른이나 아이나 같은 양을 주니 쓰레기가 많아질 수밖에 없다. 외식을 할 경우에는 주문할 때 미리 말하자. "저는 양을 2/3만 주세요!"

로컬푸드를 먹어 푸드마일을 줄인다

식품의 이동 거리(푸드마일, food miles)가 짧을수록 운송에 쓰이는 에너지를 절약할 수 있다. 게다가 농약, 보존료가 적게 들어가고 비타민 손실을 줄인 건강한 식품을 먹게 되니 결국 식품의 이동 거리를 줄이면 지역 경제를 살리고 우리 몸에도 이로운 일이 된다.

에코맘의 Tip

푸드마일(food miles)

- 푸드마일은 식품이 생산지로부터 우리 입에 들어오기까지 이동한 총 거리를 말한다(식량의 수입량(ton)과 수입국과 수출국 간의 수송거리(km)의 곱으로 계산).
- 2000년 기준으로 우리나라의 1인당 푸드마일은 3,228t/km, 전 세계인의 푸드마일은 35,405km이다.
- 이동 거리가 긴 음식은 지역에서 생산된 음식보다 온실가스를 4~17배나 더 많이 배출한다.

녹색 소비를 생활화 한다

친환경 상품을 사용하고 유기농 식품을 먹고 천연 세제를 사용하면 물이 적게 오염되고 땅도 살아난다. 친환경 상품은 물건을 구매할 때 잠깐의 관심으로 지구 환경을 살릴 수 있는 현명한 소비의 시작이다.

요즘은 '에너지소비효율등급'을 제품에 표시하여 소비자가 친환경적인 제품을 골라 쓸 수 있도록 하고 있다. 에너지소비효율등급이란 냉장고, 에어컨, 승용차, 조명기구 등 에너지 다소비 가전제품에 대해 에너지소비효율

또는 에너지사용량에 따른 등급을 의무적으로 표시하도록 한 제도이다. 에너지관리공단에서 인증과 사후관리를 하고 있다.

소비자는 에너지절약형 제품을 손쉽게 구별해 살 수 있도록 하고, 제조업체는 에너지절약형 제품을 생산하도록 유도하기 위한 제도이다. 등급표시는 대상품목의 제조업체 또는 수입업체가 국립기술품질원, 생산기술연구원, 한국전기전자시험연구원, 한국에너지기술연구소 등 공인시험기관에서 에너지효율측정시험을 거친 후 에너지관리공단으로부터 등급을 판정받도록 되어 있다. 우리나라에서는 1992년 9월부터 시행하고 있다.

'에너지소비효율등급'은 1등급부터 5등급까지 있으며, 1등급에 가까울수록 에너지 절약형 제품이다. 1등급과 5등급 간의 에너지소비량은 냉장고, 에어컨 등 가전제품의 경우 30~40%, 승용차의 경우에는 최고 약 60%까지 차이가 난다.

'에너지소비효율등급'이 높은 제품을 사용하면 에너지만 절약되는 게 아니라 경제에도 상당한 이익을 가져다준다. 실제로 가장 낮은 등급의 제품 대신 1등급 제품을 선택할 경우, 냉장고는 평균 약 40%, 에어컨은 평균 약 34%의 전기료를 절약할 수 있다. 이를 구체적으로 살펴보면 500리터급 냉장고의 경우 1등급과 5등급의 연간 에너지 비용의 차이는 34,980원이나 된다.

가습기 대신 숯, 히터 대신 스웨터를 준비해요

지구 온도가 해마다 높아지고 있다는데, 사실 피부에 와 닿을 만큼 절실한 문제가 아니어서 잘 못 느낄 거예요. 바로 이것이 문제지요. 생활용품에서 검출된 환경호르몬이나 베이비파우더에서 발견된 석면, 아이들이 먹을 음식에 들어 있는 화학조미료와 같이 지금 당장 우리 가족에게 해가 되지는 않기 때문에 문제의 심각성을 간과하고 있는 것입니다.

하지만 각종 뉴스나 신문에서 보도되는 온난화 관련 기사에 조금만 귀 기울이면 머지않아 우리에게 닥칠 피해가 얼마나 큰지 섬뜩하기까지 합니다.

이 거대한 지구의 온도가 높아지기까지 얼마나 많은 사람들이 에너지를 마구 낭비하고 이산화탄소를 과다 분출했는지 짐작도 가지 않지만, 한 가지 분명한 것은 이제 한 사람 한 사람이 '나 하나쯤이야' 하는 생각을 버리고 에너지 절약을 실천해야 한다는 거예요. 주부들이 앞장서서 가족들에게 에너지 절약의 중요성을 알리고 가정에서 작은 것 하나부터 실천해 나가야 할 때입니다.

우리집에서 가장 먼저 한 일은 방마다 있던 가습기를 치운 것이에요. 비싼 전기요의 주범인 가습기 대신 커다란 항아리에 숯을 몇 개 넣고 물을 가득 채워 건조한 곳마다 두었더니 습도 유지는 물론 공기 정화에도 탁월한 기능이 있더군요.

또 욕실에 쓸데없이 2개씩 달려 있던 전구 중 하나는 빼놓고, 거실 조명의 전구는 절약형 LED 전구로 바꿨어요. 전원은 멀티탭의 단추만 끄는 것이 아니라 아예 코드를 빼

좋았지요. 주방에서 사용하던 정수기는 정수 기능만 사용하고 뜨거운 물은 필요할때
마다 끓여서 사용합니다.

다음은 겨울철 난방비를 줄이는 방법이에요. 우선 바닥이 두꺼운 실내용 슬리퍼를 가
족 수에 맞게 준비해요. 바닥에서 냉기가 올라오면 체감 온도가 더욱 내려가서 난방을
필요 이상으로 높이게 되지요. 한겨울에 집 안에서 반팔 티셔츠만 입고 돌아다닐 정도
로 난방을 세게 하는 건 말 그대로 에너지를 마구 버리는 것과 같아요. 유럽 선진국에
서는 겨울에도 늘 서늘한 정도의 실내공기를 유지하는데, 오히려 집 안을 뜨겁게 해놓
고 사는 우리나라 사람보다 감기에도 잘 걸리지 않고 건강하다고 해요.

요즘 세상에 너무 아날로그적으로 사는 방법 아니냐고요? 잘 생각해보세요. 전 세계
적으로 동참해야 할 지구온난화 방지 운동에 우리만 뒤쳐져 있는 것이 과연 첨단인지
말이에요.

_ 에코맘 유혜영

169

내
아이에게
물려줄
세상

1급 발암물질 석면이 함유된 베이비파우더 때문에 온 나라가 시끄럽다. 1987년 국제암연구소에서 1급 발암물질로 석면을 규정하면서 '석면형 섬유가 함유된 탈크'도 1급 발암물질로 규정했는데도, 관리하는 정부인 식품의약품안전청은 모르고 있었다고 한다. 기업도 몰랐다는 말로 일관하며 관리를 잘못한 정부만 탓하고 있다. 멜라민 백색 공포가 끝난 지 불과 반년도 지나지 않아 다시 터진 석면 베이비파우더 사건에 엄마들은 거의 쇼크 상태다. 이 사건이 잠잠해지면 또 어떤 사건이 우리에게 다가올지 불안하기까지 하다.

건강한 세상이란 아직도 먼 이야기인가 보다. 석면 베이비파우더 사건을 보면서 우리 엄마들이 가족을 위해 생각하고 정리한 환경 철학이 아직은 우리 사회에 좀 더 널리 퍼져야 한다는 필요성을 다시 한 번 절감했다. 우리 아이들이 살아갈 사회는 결국 이런 에코맘의 노력이 필요하다는 것을, 아직도 우리 엄마들은 더 똑똑해져야 하고 더 현명해져야 한다는 것을, 그런 노력들이 하나하나 사회로 모이져야 작은 것 하나라도 바꾸어 낼 수 있다는 사실을 다시 한 번 실감할 수 있었다.

이 책이 사랑하는 가족을 건강하게 지켜주고 싶은 주부들에게 길잡이가 될 수 있기를 바란다. 한 번 더 강조하는 마음에서 정리를 해보면 다음과 같다.

집 안 가득 있는 유해화학물질들에 대해 하나하나 독성을 따져볼 수는 없지만, 무조건 겉모습이 깨끗하고 하얗고 윤이 나게 반짝이는 것이 좋은 것만은 아니라는 것을 알아야 한다. 우리는 어차피 무균 상태에서 살아갈 수는 없다. 세균과 바이러스마저도 생태계에서 우리와 함께 살아갈 수밖에 없는 생명체라는 것을 인식한다면, '깨끗하다' 혹은 '위생적이다'는 것은 생태적으로 그들과 균형 잡힌 상태, 안정적인 상태에 있다는 것을 의미함을 알게 될 것이다. 이들마저 없애기 위해 사용한 많은 바이오사이드와 농약, 항균제, 항생제들은 결국 더 강한 바이러스와 세균, 곤충들을 만들어 냈고, 결국 이들을 없애기 위해 더 강한 화학물질들이 오늘도 개발되고 있다. 자연스러운 깨끗함, 생태적 안정성을 생각하며 우리집 위생을 바라본다면 새롭게 쏟아져 나오는 각종 세제와 항균제품, 살균제, 소독제 등으로부터 자유로워질 수 있다.

이런 점에서 먹을거리에 있어서도 자연 그대로의 것이 얼마나 중요한지 알 수 있다. '조작되지 않고' '정제되지 않고' '가공되지 않은' 식품들을 우선 선택해 되도록 간단히 조리하고, 예로부터 먹어오던 제철 음식들을 중심으로 밥상을 차리는 것이 그 어떤 레시피보다도 건강한 밥상을 차릴 수 있는 비결이다.

기후 변화의 문제도 간과해서는 안 된다. 최근 몇 년 동안 벚꽃과 개나리와 목련이 한꺼번에 피고 봄은 점점 짧아지고 있다. 들쭉날쭉한 날씨에 감기를 달고 다닐 수밖에 없다. 하지만 이런 날씨를 탓하기에 앞서 나의 생활습관을 한번 되돌아보자. 내가 바로 지구온난화를 앞당기는 주범은 아니었는지 말이다. 모든 것을 내 욕심대로 살 수 없고, 먹을 수 없고, 쓸 수 없다는 것을 깨달아야 한다. 귀찮지만 장바구니를 챙겨 들고, 나들이 갈 때도 다회용 용기와 수저를 챙기고, 외출할 때 전기 플러그를 뽑고, 멀티탭을 끄는 당신이 진정 아름다운 지구인이다.

이 책을 통해 우리 사회에 존재하는 다양한 위해로부터 보다 안전하고 건강한 가정을 만들어가는 방법은 결국 엄마가 선택한 장바구니 안의 물건들에 있다는 사실에 자부심을 가질 수 있길 바란다.
끝으로 각자의 바람을 담아 살기 좋은 행복한 세상을 만들기 위해 이 책에 동참해준 서울환경연합 여성위원회 여러분께 감사 인사를 전한다.

2009년 10월 누하동에서

서울환경연합 여성위원회의 지구 사랑 프로젝트

1988년 '화장품의 독성' 및 '허위광고' 조사 발표
1988년 12월 20일 기자회견을 통해 화장품의 독성과 허위 광고 및 유통 실태에 대해 조사한 결과를 발표하며 위해한 물질이 함유된 제품을 경제 논리를 앞세워 판매하는 기업의 윤리 실태를 고발했다. 이로부터 여성위원회의 '생활 속 유해화학물질 없애기' 운동이 시작됐다.

1991년 10월 16일 '화학조미료 안 먹는 날' 행사
여성위원회는 식문화를 건강하게 바로잡기 위한 첫걸음으로 '화학조미료 안 먹는 날' 운동을 시작했다. 매년 10월 16일이면 어김없이 시민들에게 우리의 밥상을 점령한 화학조미료의 위해성을 알리고, 천연 조미료를 이용해 맛을 내는 방법을 홍보하는 캠페인을 이어오고 있다.

1999년 여성위원회 사업으로 '장바구니 들기 생활화 10년 계획' 수립
현재 여성위원회는 장바구니 들기 운동을 주부뿐만 아니라 사회 각층으로 확대하기 위해 사회 저명인사들이 참여한 '민들레 장바구니 들기 릴레이 캠페인'을 진행하고 있으며, 매년 장바구니 출구 조사와 유통업체의 유상판매대금 감시 운동을 하고 있다.

2001년 '폐형광등 분리수거' 사업 시작
2001년부터 '폐형광등 분리수거' 사업을 시작했다. 또한 분리된 폐형광등의 올바른 처리를 위해 형광등을 생산자책임재활용제도(EPR) 품목으로 지정할 것을 건의, 2003년 지정되어 현재 각 동사무소 및 집단 주거 시설 등에 폐형광등 분리수거함이 설치되었다.

2003년 '화장품 내 프탈레이트 없애기' 운동
시판 중인 24개 화장품을 수거, 프탈레이트 검사 결과 발표 기자회견을 열고, 이후 '프탈레이트 주부 감시단 선언식'을 통해 모니터 활동을 전개했다.

2004년 '폐카트리지의 재사용' 확대와 올바른 처리를 위한 운동
여성위원회는 카트리지 운동을 전개하며 자원 절약을 위해 재사용하는 문화를 만들기 위해 노력하는 한편, 올바른 처리를 위해 카트리지의 EPR 항목의 포함을 추진했다.

2006년 '생분해성 플라스틱의 친환경적 이용 확대'를 위한 모색
여성위원회는 어쩔 수 없이 사용해야 하는 쓰레기 종량제 봉투, 농촌의 하우스 및 멀칭, 어촌의 어구, 기타 산업자재로의 사용 등에 대해서는 생분해성 플라스틱의 확대가 필요하다고 보고 이의 확대를 위한 운동을 시작했다.

아무것도 사지 마라

1판 1쇄 인쇄 2009년 10월 23일
1판 1쇄 발행 2009년 11월 1일

지은이 서울환경연합 여성위원회

발행인 양원석
편집장 송민재
책임 편집 이희원
사진 한정수(studio etc.)
일러스트 김지은
요리 감수 한명숙
영업 마케팅 정도준, 김성룡, 백준, 백창민, 윤석진

펴낸 곳 랜덤하우스코리아(주)
주소 서울시 강남구 삼성동 159 오크우드호텔 별관 B2
편집문의 02-3466-8884 **구입문의** 02-3466-8955
홈페이지 www.randombooks.co.kr
등록 2004년 1월 15일 제2-3726호

ISBN 978-89-255-3332-2 13590